Cyberwar

Bedrohung für die Informationsgesellschaft

von

Thomas Beer

Tectum Verlag
Marburg 2005

Beer, Thomas:
Cyberwar.
Bedrohung für die Informationsgesellschaft.
/ von Thomas Beer
- Marburg : Tectum Verlag, 2005
ISBN 978-3-8288-8834-0

© Tectum Verlag

Tectum Verlag
Marburg 2005

Inhaltsverzeichnis

Unsicherheit und Risiko in informationsbasierten Gesellschaften

Hochentwickelte Gesellschaften sind zur Aufrechterhaltung sozialer Kohärenz, wirtschaftlicher Wertschöpfung, politischer Institutionen und weiterer vitaler Bereiche in zunehmendem Maße auf ungehinderten Austausch digital verarbeiteter Informationen angewiesen. Diese informationsbasierten oder „Third Wave Societies", so Alvin Toffler, lösen bisherige Industriegesellschaften in bestimmten Regionen der Erde ab.[1] Signifikante technische und soziale Veränderungen finden in diesen Regionen statt. Die relative Homogenität industrialisierter Gesellschaften wird durch heterogenere Strukturen in informationsbasierten Gesellschaften abgelöst. Soziale und technische Innovationen gehen Hand-in-Hand und eröffnen neue Möglichkeiten für Dienstleistungen, höhere Effizienz und Effektivität von Produktion und Verwaltung und neue Vergesellschaftungsprozesse. Grundlage fast aller Prozesse dieser Gesellschaften ist eine nachhaltig funktionsfähige Infrastruktur, um zum Beispiel Automatisierung, Kapitaltransfer aber auch gesellschaftlichen Kontakt aufrecht zu erhalten. Kennzeichen dieser Infrastrukturen ist eine zunehmende Vernetzung sowohl innerhalb einzelner Sektoren als auch zwischen verschiedenen Sektoren. Daraus sind Risiken, wie Angriffe durch strategische Informationskriegsführung und Ausbreitung kaskadierender Fehler innerhalb von Infrastrukturen, entstanden. Errungenschaften, die diese Infrastrukturen der Gesellschaft zur Verfügung stellen, können durch Degradation verlorengehen und damit verheerende Folgewirkungen, wie Einschnitte in die Aufrechterhaltung sozialer Kohärenz und gesellschaftlichen Zusammenhaltes ebenso wie massive Einbußen in wirtschaftlichen Bereichen auslösen.

Die Presidential Directive 63, eine der normativen Grundlagen zum Schutz kritischer Infrastrukturen der Vereinigten Staaten von Amerika, stellt eine steigende Verletzbarkeit von Infrastrukturen fest.[2] Neben zunehmender Vernetzung von Infrastrukturen wurden diese Lebensadern moderner Gesellschaften in den vergangenen zwanzig Jahren größtenteils privatisiert.[3] Implikationen der Privatisierung sind verminderte Kontrolle durch staatliche Stellen und vermehrte Ausrichtung auf ökonomische Effizienz durch einzelne Dienstleister[4], ohne dass die Folgen dieser Entscheidung auf Sicherheit und Robustheit berücksichtigt werden können. Nach Vollendung der Privatisierung wurden Regulierungsgremien schrittweise abgebaut, was die Sicherheit

---

[1] Toffler, Alvin, Toffler, Heidi, War and Anti-War, Boston, Little, Brown and Company, 1993, S. 23.
[2] http://www.fas.org/irp/offdocs/pdd-63.htm, [16.4.2002].
[3] Yergin, Daniel, Stanislaw, Joseph, The Commanding Heights, Simon & Schuster, New York, 1998, S. 13.
[4] Scheele, Ulrich, Privatisierung von Infrastruktur, Köln, Bund-Verlag, 1993, S. 26.

und Robustheit der Anlagen weiter verminderte.[5] Vormals monopolistische, in Staatseigentum befindliche Dienstleister wurden staatlicher Kontrolle vollständig entzogen. Privatisierung der Infrastruktur in hochindustrialisierten Gesellschaften kumulierte mit Internationalisierung der Eigentümerstruktur bei gleichzeitig internationaler Vernetzung der Infrastrukturen.

Durch eine Vielzahl von Entwicklungen ist eine asymmetrische Abhängigkeit von Infrastrukturen zwischen nichtindustrialisierten und industrialisierten Gesellschaften einerseits und informationsbasierten Gesellschaften andererseits, zum Nachteil letzterer entstanden. Asymmetrie herrscht aber auch innerhalb informationsbasierter Gesellschaften zwischen einzelnen Infrastruktursektoren vor, da einige Bereiche auf andere in größerem Maße angewiesen sind. So ist, um ein Beispiel anzuführen, Telekommunikation auf elektrische Energie angewiesen. Interinfrastrukturelle Vernetzung, zu definieren als Zusammenschluss unterschiedlicher Infrastrukturen wie zum Beispiel der Energie- und Telekommunikationsinfrastruktur, fügt der Asymmetrie zunehmend Nichtlinearität und Komplexität, auch zwischen verschiedenen Sektoren, hinzu. Diese Effekte verstärken die Anfälligkeit des Gesamtsystems gegenüber Ausfällen und Angriffen. Da diese Gegebenheiten der Wahrnehmung der Öffentlichkeit bisher weitgehend entgangen sind, kann ein nachhaltiger Ausfall eines oder mehrerer Infrastruktursektoren einen Verlust an Vertrauen in politische Institutionen, Kapitalmärkte oder auch Vergesellschaftung nach sich ziehen. Die Frage, die sich also stellt, lautet: was sind die Implikationen der Privatisierung, Vernetzung und Informationalisierung von Infrastrukturen für Gesellschaften.

Vernetzung interdependenter Infrastrukturen führte und führt zu physischen und virtuellen Netzwerken, deren Aufrechterhaltung, Kontrolle und Struktur weder eindeutig geregelt noch gleichbleibend ist. So kann in virtuellen Infrastrukturen nur begrenzt zwischen allgemeinen Daten und Steuerungsdaten differenziert werden, da Protokolle, die die Datenströme dirigieren, beide Datenkategorien beinhalten. Physische Infrastrukturen hingegen sind durch Maßnahmen und Effekte wie Privatisierung, Unternehmenszusammenschlüsse und Konkurse in ständigem Umbau begriffen.

Neben Veränderungen von Arbeits- und Wertschöpfungsverhältnissen sowie gesamtgesellschaftlicher Abhängigkeit sind signifikante Auswirkungen auf die nationale und internationale Politik vorhanden. So stellte die Generalversammlung der Vereinten Nationen in der Resolution 53/70 fest, dass

> "the dissemination and use of information technologies and means affect the interests of the entire international community and that optimum effectiveness is enhanced by broad international cooperation"

aber gleichzeitig

---

[5] Scheele, Ulrich, aaO.

"expressing concern that these technologies and means can poten-
tially be used for purposes that are inconsistent with the objectives
of maintaining international stability and security and may ad-
versely affect the security of States."[6]

Zivile und militärische Sicherheit der internationalen Gemeinschaft sind dabei
gleichermaßen gefährdet, da beide Organisationssysteme ihre Prozesse über
die selben Anlagen steuern. Ausfälle werden somit immer beide Bereiche tangieren. Veränderungen in der seit 40 Jahren mit nur geringer Modifikation
vorliegenden Abschreckungstheorie sind notwendig, da die Literatur zwar
„countervalue" Strategien einbezieht, Geiselnahme als Mittel klassischer Abschreckung jedoch nicht länger in allen Kontexten möglich sein wird. Adäquate Strategien, die Angriffe auf Infrastrukturen mit virtuellen Mitteln verhindern sollen, sind nicht vorhanden, sondern werden nach wie vor atomar
oder konventionell konzeptualisiert. So hat sich z.b. Russland vorbehalten,
einen strategischen Informationsangriff nuklear zu beantworten.[7]

Virtuell durchgeführte Angriffe auf Infrastrukturen sind jedoch nicht
immer eindeutig lokalisierbar, was zur Folge hat, dass keine adäquaten Gegenmaßnahmen zur Verfügung stehen und etwaige Angriffe nicht beantwortet
werden können. Da der Zugang zu virtuellen Infrastrukturen immer mehr
Personen zur Verfügung steht, erweitert sich der Kreis derjenigen, die Schäden verursachen können, ständig. Ebenso wächst durch Breitennutzung dieser
Dienste die soziale und ökonomische Abhängigkeit informationsbasierter Gesellschaften. Die internationale Verflechtung von Infrastrukturen verhindert
zudem sogar größtenteils eine Trennung entlang nationalstaatlicher Grenzen,
da Prozesse, wie zum Beispiel der internationale Zahlungsausgleich von Banken, nur global und rund um die Uhr stattfinden können. Nach meinem Ver-
ständnis gewinnt daher Infrastruktur ständig an Relevanz.

Ziel dieser Arbeit ist es, Abhängigkeit und Verletzlichkeit informationsbasierter Gesellschaften darzustellen. In einem ersten Schritt ist es dazu
nötig, technische und soziale Veränderungen durch Infrastruktur aufzuzeigen.
Nur über eine Analyse dieser Veränderungen durch Infrastruktur sind die
Folgen, die Ausfälle dieser Infrastrukturen zeitigen können, nachvollziehbar.
Anschließend wird eine Bestandsaufnahme des gegenwärtigen Infrastruktur-
systems hochentwickelter Gesellschaften vorgenommen. Eine Diskussion
sektoraler Infrastrukturen wird sich auf die Bereiche der Elektrizitäts-, Infor-
mations- und Finanzinfrastruktur konzentrieren. Im Weiteren werden Risiken

---

[6] http://www.un.org/documents/ga/res/53/a53r070.pdf, [16.4.2002].
[7] Voyennaya doktrina Rossiyskoy Federatsii, Krasnaya zvezda, 9. October 1999,
http://www.ciaonet.org/cbr/cbr00/video/cbr_ctd/cbr_ctd_06.html, [16.4.2002]; "This
perspective is acknowledged in Russia's submission to the UN Secretary General in which
it calls for "acknowledgement that the use of information weapons against vital structures
is comparable to the consequences of the use of weapons of mass destruction." Rathmell,
Andrew, in: Campen, Alan D., Dearth, Douglas H., Cyberwar 3.0: Human Factors in Information Operations and Future Conflict, Fairfax, AFCEA International Press, 2000,
S. 236.

und Gefahren, die sich für Gesellschaften, die auf digital gesteuerten Infrastrukturen basieren, erläutert. Abschließend wird auf die Strategie nuklearer Abschreckung unter Bedingungen der strategischen Informationskriegsführung eingegangen und durch ein Szenario untermauert.

Veränderungen im Spannungsfeld von Infrastruktur und Gesellschaft

Ausdifferenzierung und Spezialisierung von Gesellschaften führten bereits lange vor der Antike dazu, dass Güter und Waren über weite Distanzen transportiert werden mussten. Zunehmende Abhängigkeit von Fernhandel ließ Infrastruktur in Form von Straßen bedeutender werden. So war das römische Reich erst durch ein weitverzweigtes Strassennetz, das ab dem Jahre 300 vor Christi Geburt gebaut wurde, und auf dem Höhepunkt des Ausbaustandes 80000 Kilometer umfasste, in der Lage Landwirtschaft, Handel und militärische Macht auszubauen.[8] Ebenso wurde Kriegsführung mehr und mehr von Infrastrukturen abhängig und durch diese in umfangreicherem Ausmaß möglich.[9] In der Moderne wurden neben Straßen auch Eisenbahnlinien, um Truppen an Einsatzorte befördern zu können, strategisch signifikant.[10] Weitere technische Innovationszyklen fügten Telegrafie und Telefonie hinzu. Satelliten ergänzten diese Kommunikationsmöglichkeiten und bodenbasierte Netzwerke schufen weitere Opportunitäten und Risiken. Eine Folge aus diesen Umständen war die Möglichkeit einer dislozierteren Organisation der Kriegsführung.

Locus classicus von Infrastrukturabhängigkeit ist die Mobilmachung der Verbände des Deutschen Reiches im Juli 1914, wodurch diese mit negativer Konnotation in die Geschichte einging. Der Schlieffenplan, vorrangig an operationalen Gesichtspunkten der Verzahnung einzelner Infrastrukturen orientiert, ließ politische Erwägungen ins Hintertreffen geraten.[11] Aber nicht nur der Schlieffenplan war für den Fortgang der Kriegshandlungen mitentscheidend. Am 5. August desselben Jahres zerstörte das britische Kabelschiff Telconia alle Telegrafenverbindungen, die das Deutsche Reich über die Nordsee mit dem Ausland verbanden. Von diesem Zeitpunkt an wurden Informationen über den Kriegsverlauf in alle Welt primär über London verbreitet.[12] In letzter Konsequenz kann Infrastruktur somit auch Zwang auf politische Prozesse ausüben. Sie strukturiert bestimmte Prozessabläufe, die sich einer adhoc Änderung entziehen. Somit sind in bestimmten Bahnen strukturelle Zwänge vorhanden, deren Änderung nur über einen gewissen Zeitraum möglich ist. Eine Planung neuer und Restrukturierung bestehender Infrastrukturen sollte diesen Umstand mit in die Betrachtung einbeziehen.

---

[8] Cybernation, The American Infrastructure in the Information Age, Office of Science and Technology Policy, http://www.fas.org/irp/threat/980107-cyber2.html, [17.4.2002].

[9] Wilson, Michael, Infrastructural Warfare Threat Model, http://www.7pillars.com/papers/MT.html, S. 2, [17.4.2002].

[10] Lieber, Keir A., Grasping the Technological Peace, International Security, Vol. 25, No. 1, Summer 2000, S. 79.

[11] Sagan, Scott D., 1914 Revisited, International Security, Vol. 11, No. 2, Fall 1986, S. 151.

[12] Kuehl, Dan, Strategic Information Warfare: A Concept, Working Paper 322, Norfolk, National Defense University, February 1999, S. 1.

Im Folgenden werde ich eine funktionale Analyse von Infrastruktur durchführen an die sich technische Veränderungen in der Elektrizitäts-, Informations- und Finanzinfrastruktur anschließen. Die Analyse gesamtgesellschaftlicher Bedeutung von Infrastruktur wird ergänzt mit der Analyse sozialer Veränderungen, Privatisierung von Staatseigentum in Infrastrukturbereichen und soziologischer Momente. Dieses materielle Substrat, angereichert mit sozialen Faktoren, gewährt grundlegende Einblicke in momentane Prozesse gesellschaftlicher Umstrukturierung. Darauf aufbauend können soziale Veränderungen, wie die Privatisierung dieser Infrastrukturen und eine veränderte Wahrnehmung von Risiken, konzeptualisiert werden. Dies führt im Weiteren zu der These, dass die Abschreckungstheorie ergänzt werden muss, da strategische Informationskriegsführung, die erst durch die neu entstanden Infrastrukturen möglich geworden ist, gänzlich anderen Bedingungen unterliegt als konventionelle und nukleare Kriegsführung. Folgt man dieser These, so besteht eine Konzeptualisierungslücke in der Disziplin der Internationalen Beziehungen.

Technische Veränderungen

Infrastruktur

Der Begriff Infrastruktur wurde erst in den 60er Jahren des letzten Jahrhunderts als eigenständiges Wort eingeführt. Da bereits die Römer, wie erwähnt, Straßen, Brücken und Wasserleitungen besaßen, verwundert dies, da die Strukturen bereits seit dieser Zeit vorhanden waren. Entlehnt ist der Begriff Infrastruktur dem militärischen Vokabular der NATO und bezeichnet ortsfeste Militäranlagen und Verkehrseinrichtungen.[13] Über das militärische Vokabular hinaus hatte Karl Marx in der Dichotomie des Über- und Unterbaues letzteren als die Infrastruktur einer Gesellschaft bezeichnet.[14] Die soziologische Bedeutung wurde dann von der NATO auf materielle Anlagen umgedeutet.

Etymologisch setzt sich Infrastruktur aus dem lateinischen *infra* was mit unten, unterhalb und darunter übersetzbar ist und *structura* dem Mauerwerk, Bau und der Bauart, beziehungsweise von *struere*, das Aufschichten, etwas beladen mit und Ordnen von etwas anderem bezeichnet, ab.[15] Infrastruktur kann somit als Dasjenige bezeichnet werden, was unterhalb anderer Prozesse liegt und für diese ein Fundament bildet. Durch Aufschichtung auf dieses Fundament wird eine Ordnung gewährleistet oder ermöglicht. Infrastruktur, so die

---

[13] Scheele, Ulrich, Privatisierung von Infrastruktur, Köln, Bund Verlag, 1993, S. 18.

[14] Meriam Webster Online Dictionary, http://www.m-w.com, [17.4.2002]; Stubkjaer, Erik, The Infrastructure of Real Property Rights, www.informatik.uni-bremen.de/~heiner/COST/Stubkjaer.doc, S.2, [17.4.2002].

[15] Menge, Hermann, Langenscheidts Taschenwörterbuch Latein, Berlin, Langenscheidt, 1987.

Folgerung, ist für die technische Ordnung sozialer Prozesse Bedingung und Möglichkeit zugleich. Kern des Gedankens ist, dass Infrastruktur technische und soziale Prozesse verbindet und aufrecht erhält. Fallen Teile der Infrastruktur aus, ist diese Verbindung, mit weitreichenden gesellschaftlichen Folgen, beeinträchtigt. Durch die informationstechnische Revolution unterliegen Infrastrukturen weitreichenden Veränderungen. Die sich rapide verändernde Technologie

> "poses major challenges for infrastructure policy. The rapid shift in the telephone network system from analog to digital switching technology [...] was but the first of several waves of change that are transforming, integrating, and adding complexity to the telecommunications/information infrastructure."[16]

Hinzu treten Kommunikationsmöglichkeiten wie das Internet und nicht leitungsgebunde Dienste wie Mobiltelefonie, die auf diesen neuen Technologien beruhen. Die Abhängigkeit von Sammlung, Speicherung, Verarbeitung und Erzeugung der Informationen verhindert in weiten Teilen von Wirtschaft, Gesellschaft und Politik die Möglichkeit des Ausweichens auf alternative Arbeitsweisen und Quellen, falls ein Ausfall bestimmter Dienste zu verzeichnen ist. An dieser Stelle zeichnet sich die Signifikanz der Bedrohung für informationsbasierte Gesellschaften unmittelbar ab. Die Privatisierung von Infrastrukturen auf der einen Seite und hohe Kosten für die Errichtung autarker Anlagen auf der anderen Seite, lassen in weiten Teilen selbst militärischen Organisationen keine Wahl, als den eigenen Bedarf an Infrastrukturdiensten von Dritten erbringen zu lassen. Damit geht ein Großteil an Kontrolle und Steuerungsmöglichkeiten verloren, was wiederum die Interdependenz militärischer Organisationen gegenüber Privatfirmen erhöht. Insofern kann eine partielle, strategische Abhängigkeit, selbst der Organisationen, die mit nationaler Sicherheit befasst sind, gegenüber Privatunternehmen, die ebenso von Infrastruktur abhängig sind, konstatiert werden.[17] Dieser rapide und permanente technologische Wandel ist keine singuläre Erscheinung, sondern umfasst das gesamte Spektrum von Unterhaltungselektronik bis zur Revolution in Military Affairs (RMA)[18].

Im Mittelpunkt dieser Arbeit steht die Frage, wie sich zunehmende Vernetzung und elektronische Steuerung von Infrastruktur auf die Sicherheit und Handlungsfähigkeit informationsbasierter Gesellschaften auswirkt. Beginnend mit unterschiedlichen Arten der Vernetzung von Infrastrukturen werde ich daher im Folgenden grundlegende technische Eigenschaften und Betriebsbedingungen von Infrastrukturen erörtern.

---

[16] National Research Council, The Changing Nature of Telecommunications/Information Infrastructure, Washington, Computer Science and Telecommunications Board, 1995, S. 9.
[17] Campen, Alan D., Dearth, Douglas H., Cyberwar 3.0: Human Factors in Information Operations and Future Conflict, Fairfax, AFCEA International Press, 2000, S. 229.
[18] Libicki, Martin, Hazlett, James, et al., http://www.ndu.edu/inss/strforum/z1106.html, [10.2.2002].

Inter- und intrainfrastrukturelle Vernetzung von Infrastrukturen

In letzter Zeit wurden einige Infrastruktursektoren neu vernetzt. Neben intrainfrastruktureller Vernetzung von Sektoren besteht die Möglichkeit, unterschiedliche Sektoren interinfrastrukturell miteinander zu verbinden. Von intrainfrastruktureller Vernetzung kann ausgegangen werden, wenn zuvor getrennte Bereiche des gleichen Sektors physisch miteinander verbunden werden. So ist durch die Stromliberalisierung innerhalb der Europäischen Union die Notwendigkeit entstanden, regionale und erzeugerabhängige Netze zu verbinden. Ohne diese Vernetzung wäre ein Austausch von Strom unterschiedlicher Produzenten nicht möglich. Sinn und Zweck der Liberalisierung ist aber gerade der Ankauf von Strom verschiedener Hersteller. Dazu ist eine Verbindung unterschiedlicher Netze notwendig. Im Gegensatz dazu war die Telekommunikationsinfrastruktur von Anfang an auf Vernetzung unterschiedlicher Netze und Anbieter ausgelegt, weil diese kein standardisiertes Produkt wie Strom, sondern individuelle Nachrichten in Form von Sprache transportieren und deshalb verschiedene Anbieter ihre Netze zusammenschalten mussten. Dies ermöglichte von Beginn an eine technische Ausrichtung auf Interkonnektivität, was innerhalb der Strominfrastruktur nicht vorgesehen war.

Die interinfrastrukturelle Vernetzung einzelner Sektoren wurde durch Standardisierung und Einsatz digitaler Protokolle möglich. Die Bestrebungen der Energieversorger,

> „den Absatz an elektrischer Energie über den Tag möglichst konstant zu halten, um die zur Verfügung stehenden Kraftwerke gleichmäßig und im wirtschaftlichsten Betriebsbereich zu betreiben"[19]

bedürfen einer Vielzahl von Steuerungseinrichtungen. Während des Tages, wenn die Auslastung der Kraftwerke Spitzenwerte erreicht, müssen zusätzliche Energiequellen von den Betreibern zugeschaltet werden. Da der Verbrauch nicht an jedem Tag zur gleichen Zeit die selben Werte erreicht[20], sind Steuerungsmechanismen notwendig, die je nach Nachfrage kurzfristig zusätzliche Energiequellen zur Verfügung stellen. Steigt der Energiebedarf an, wird dies, bei der Verwendung analoger Protokolle, in Form von Rückkoppelungen registriert und über Impulse werden zusätzliche Energiequellen aktiviert. Mit zunehmender computergestützter Steuerung von Betriebsanlagen wurden analoge Verfahren auf digitale Protokolle umgestellt. Digitalisierung kann hierbei als

> „application of information technologies to acquire, exchange and employ timely digital information [...], tailored to the needs of each

---

[19] http://www.rundsteuerung.de/html/grundlagen.html, [18.4.2002].
[20] Schwankungen treten durch Jahreszeiten, tägliche Temperaturänderungen, Feiertage und andere unkalkulierbare Ereignisse auf.

decider [...] allowing each to maintain a clear and accurate vision
[...] to support planning and execution"[21]

verstanden werden. Dies erst ermöglichte unterschiedliche, vormals getrennte Bereiche innerhalb und zwischen Infrastrukturen zu verbinden, Fernadministration, -wartung und abrechnung vorzunehmen und wesentlich größere Mengen an Steuerungsdaten zu verarbeiten, fügte aber gleichzeitig weitere Komplexität hinzu.

Intrainfrastrukturelle Vernetzung bedarf der Standardisierung und Homogenisierung von Steuerungsmechanismen, da jeder Betreiber unterschiedliche Steuerungssignale und -protkolle einsetzt.[22] Eine intrainfrastrukturelle Standardisierung war auch Vorbedingung für interinfrastrukturelle Vernetzung, da Protokolle eines Sektor mit gleichen Protokollen in anderen Sektoren gegenseitige Durchdringung, unabhängig von geografischer Distanz und Betreiber, ermöglichen. Nur dadurch konnte die zur Verwirklichung der Vernetzung notwendige Kostendegression erreicht werden.

Vernetzung innerhalb des Finanzsektors z.b. ermöglichte elektronischen Börsenhandel und weltweiten Devisenverkehr. Neben Kostensenkungen durch Verringerung der Notwendigkeit von Eingriffen wurden neue Arbeitsformen und Firmenorganisationen möglich.[23] Trotz genereller Vernetzung aller Infrastrukturbereiche miteinander, in quantitativ neuem Ausmaß, ist die Interdependenz einzelner Sektoren unterschiedlich ausgeprägt. Generell kann davon ausgegangen werden, dass sämtliche Bereiche von einer funktionierenden Energieversorgung abhängig sind.[24] Desweiteren sind erhebliche Einschnitte des reibungslosen Ablaufes innerhalb einzelner Infrastruktursektoren bei Ausfall der Telekommunikationsinfrastruktur zu erwarten.

Die besondere Relevanz und Interdependenz der Energie-, Kommunikations- und Finanzinfrastruktur für informationsbasierte Gesellschaften macht es sinnvoll, den Fokus dieser Arbeit auf diese drei Infrastrukturen zu legen. Dies ermöglicht es Interdependenz, Vernetzung und sektorenübergreifende Prozesse von Infrastrukturen darzustellen und deren Konsequenzen aufzuzeigen. Die ersten beiden Sektoren können als Netzinfrastrukturen bezeichnet werden. Die Finanzinfrastruktur, die punktuell in Form von Büroräumen, Filialen, Börsen und Rechenzentren aufgeteilt werden kann, ist un-

---

[21] Harknett, Richard J., Information Warfare and Deterrence, Parameters, Vol. XXVI, No. 3, Autumn 1996, S. 94.

[22] http://www.rundsteuerung.de/html/traimpra.html, [18.4.2002].

[23] National Research Council, The Changing Nature of Telecommunications/Information Infrastructure, Washington, Computer Science and Telecommunications Board, 1995, S. 63.

[24] Preliminary Research and Development Roadmap for Protecting and Assuring Critical National Infrastructures, Transition Office of the President's Commission on Critical Infrastructure Protection and the Critical Infrastructure Assurance Office, Washington, D.C., July 1998, http://www.ciao.gov/, S. 5, [16.12.2001].

mittelbar von diesen Netzinfrastrukturen abhängig.[25] Genereller Unterschied zwischen punkt- und netzbasierten Infrastrukturen ist, dass punktbasierte Infrastrukturen geografisch disloziert und nicht auf ein Versorgungsnetz angewiesen sind. So sind Krankenhäuser, als punktuelle Infrastruktur, über einen gewissen Zeitraum autark zu betreiben. Demgegenüber können netzbasierte Infrastrukturen, wie Stromleitungen, bei Ausfall eines Punktes in weiträumigem Ausmass von diesem Ereignis beeinträchtigt sein, und die gesamte Infrastruktur muss als anfälliger gelten.

Durch Fokussierung auf diese drei Sektoren enthält diese Arbeit einen Querschnitt durch Infrastrukturen, die aufeinander aufbauen. Beginnend mit der Energieinfrastruktur wird in einem weiteren Schritt die Telekommunikationsinfrastruktur dargestellt. Diese Betrachtung wird ergänzt durch die Finanzinfrastruktur, die die beiden anderen für einen reibungslosen Betrieb benötigt. Im Folgenden werde ich die einzelnen Infrastruktursektoren, die Gegenstand dieser Arbeit sind beschreiben, um einen Einblick in grundlegende Determinanten des vorhandenen Systems zu geben. Dies dient in erster Linie dazu, über die Funktionsweise der Infrastrukturen Risiko- und Gefahrenpotentiale sowohl für die Infrastrukturen als auch gesellschaftliche Bereiche zu erschließen.

Betrachtung einzelner Infrastruktursektoren

Energieinfrastruktur

Die Versorgung der Energieinfrastruktur, primär durch fossile Brennstoffe, die über Straßen, Schienen und Pipelines zu Kraftwerken gelangen, wird in folgender Betrachtung außen vor gelassen, da Einbrüche der Versorgung in Zusammenhang mit dieser Arbeit nur von mittelbarer Relevanz sind. Zur Erzeugung von Strom sind Kraftwerke, Umspannstationen, Verteilernetzwerke und größtenteils zentrale Steuerungseinheiten, die von dezentralen Sensoren Informationen zur Ablaufsteuerung zur Verfügung gestellt bekommen, notwendig. Steuerungsanlagen, die die Funktion des gesamten Netzes überwachen, sind zentralisiert an wenigen Stellen lokalisiert und benötigen Daten einer Vielzahl überwiegend nicht lokaler Anlagen und Leitungen. Die Administration von Einrichtungen und Netzwerken wird zusehends über dasselbe Protokoll abgewickelt.[26] Die Energieerzeugung und –versorgung, die produzierte Energie über weite Entfernungen auf Hochspannungsleitungen zu den Endabnehmern transportiert, kann als komplex bezeichnet werden, da eine Vielzahl unterschiedlicher Komponenten zum Einsatz kommen, die in

---

[25] Frey, René L., Liberalisierung und Privatisierung in den Infrastrukturbereichen Verkehr, Energie, Telekommunikation,
www.unibas.ch/wwz/wipo/forschung/mat_forschung/For_Priv_Lib.pdf, S. 5, [7.1.2002].
[26]http://www.abb.com/global/deabb/deabb200.nsf!OpenDatabase&db=/global/deabb/d
eabb202.nsf&v=4A72&e=ge&c=CE377A83CCF76751C1256B1A0029B8CC, [10.4.2002].

nichtlinearer Anordnung unter großem Administrationsaufwand koordiniert werden müssen. Diese Komponenten bedürfen reibungsloser Interaktion. Der Ausfall einer Komponente beeinträchtigt weitere Teile. Bevor der Strom an die Endabnehmer weitergegeben wird, muss dieser, sofern es sich nicht um industriellen Bedarf handelt, in einen Niedrigstrombereich transformiert werden, was weitere Anlagen und Administration erfordert.[27] Die Versorgung muss kontinuierlich auf maximale Auslastung und zum Teil starke Schwankungen ohne zeitliche Verzögerung eingerichtet sein. Kontrolldaten dislozierter Stationen und Sensoren werden über standardisierte Protokolle ausgetauscht. Während die Administration hierbei heutzutage teilweise noch vor Ort geschieht, verlagert sich diese mit steigender Tendenz auf fernadminstrative Maßnahmen:[28]

> "In the future, increases in the interconnected complexity of the power system, the introduction of new distributed resources (e.g. generation, storage, load control), and increased stress on existing grids will make real-time automated control a necessity. Coordinated control over larger portions of the grid will be required."[29]

Zusätzlich besteht in der Bundesrepublik Deutschland seit zwei Jahren die Verpflichtung der Energieversorger, privat produzierten Strom in ihre Netze einzuspeisen. Beides bringt weiteren Administrationsaufwand mit sich und lässt die Komplexität innerhalb der Infrastruktur weiter ansteigen. Ein gestiegener Bedarf an Administration, der rapide technische Wandel und die Zunahme an Komplexität, neuen Betriebsmodi geschuldet, sind bisher nicht evaluiert worden. Dies ist Umstellungen, wie der Zusammensetzung der Erzeugung aus unterschiedlichen Stromquellen ebenso wie der Zusammenlegung unterschiedlicher Netze geschuldet. Bisher gibt es keine erschöpfenden Untersuchungen hinsichtlich der daraus entstehenden Gefahrenpotentiale, geschweige denn umsetzbare Lösungsansätze für diese Problematik. Dies ist durch die Ökonomie, den Wettbewerb in Energiemärkten und die Implementation vor allem modularisierter und verteilter Stromerzeugung induziert.[30]

---

[27] Preliminary Research and Development Roadmap for Protecting and Assuring Critical National Infrastructures, Preliminary Research and Development Roadmap for Protecting and Assuring the Energy Infrastructure, Transition Office of the President's Commission on Critical Infrastructure Protection and the Critical Infrastructure Assurance Office, Washington, D.C., July 1998, http://www.ciao.gov/, S.6, [16.12.2001].

[28] Vgl. Fn. 36.

[29] Preliminary Research and Development Roadmap for Protecting and Assuring Critical National Infrastructures, Transition Office of the President's Commission on Critical Infrastructure Protection and the Critical Infrastructure Assurance Office, Washington, D.C., July 1998, http://www.ciao.gov/, B-18, [16.12.2001].

[30] Electric Power Research Institute, http://www.epri.com/corporate/discover_epri/roadmap/CI-112677-V1_all.pdf, S. 40, [23.4.2002].

Geografisch ist die Versorgung mit Energie regional konzipiert.[31] Einzelne Regionen stehen über Austauschpunkte mit verschiedenen Netzen eines oder mehrerer Versorger in Verbindung was zusätzliche Überwachung erfordert. Exemplarisch sind die Vereinigten Staaten in vier Regionen aufgeteilt.[32] Diese stehen in Verbindung mit der kanadischen Energieinfrastruktur, wodurch eine ausschließlich nationale Kontrolle unmöglich ist. Vorteil dieser Konzeption ist eine geringe Anzahl interregionaler Austauschpunkte und damit, im Vergleich zu parzellierteren Regionen, ein geringerer Administrationsaufwand. Nachteilig wirkt sich diese geringere Dezentralisierung allerdings darin aus, dass weitreichende Fehler größere Regionen erfassen können und kaskadierende Fehlerräume topographisch zwangsläufig ausladender sind. Hinzu kommt, dass nahezu alle Komponenten der Energieerzeugung just-in-time produziert werden. Ausfall oder Zerstörung einzelner Komponenten kann durch die geringe Anzahl von Anbietern eine Verzögerung von Ersatzlieferungen nach sich ziehen. Besteht keine Möglichkeit, vorübergehend andere Anlagen zur Versorgung einzubeziehen, ist die Stromversorgung bis zum Einbau neuer Komponenten nicht zu gewährleisten. In einem solchen Fall wären auch andere Infrastrukturen betroffen, wie z.B. die Telekommunikation, die im nächsten Abschnitt fokussiert wird.

Telekommunikationsinfrastruktur

Die Telekommunikationsinfrastruktur besteht hauptsächlich aus dem öffentlichen Telefonnetz und dem Internet. Obwohl sich beide Elemente nicht gegenseitig ausschließen, sind sie größtenteils getrennt, werden allerdings aller Voraussicht nach in ein Netz fusionieren.[33] Unter Redundanzgesichtspunkten ist dies, wie im Folgenden gezeigt werden soll, nachteilig zu bewerten.

Die Telekommunikationsinfrastruktur setzt sich aus drei übereinander geschichteten Ebenen zusammen.[34] Die erste Ebene besteht aus den physischen Komponenten Kupferkabel, Lichtwellenleiter, Mobilfunkanlagen,

---

[31] aaO., S. 8.

[32] Preliminary Research and Development Roadmap for Protecting and Assuring Critical National Infrastructures, Preliminary Research and Development Roadmap for Protecting and Assuring the Energy Infrastructure, Transition Office of the President's Commission on Critical Infrastructure Protection and the Critical Infrastructure Assurance Office, Washington, D.C., July 1998, http://www.ciao.gov/, Appendix B-4, [16.12.2001].

[33] Critical Foundations, The Report of the President's Commission on Critical Infrastructure Protection, Apendix A, http://www.info-sec.com/pccip/web/report_index.html, 1997, A-2, [24.1.2001].

[34] Preliminary Research and Development Roadmap for Protecting and Assuring Critical National Infrastructures, aaO. Preliminary Research and Development Roadmap for Protecting and Assuring the Information and Communications Infrastructure, http://www.ciao.gov/, S. 5, [16.12.2001].

Hochfrequenzradio, Richtfunk und Satelliten.[35] Neben netzgebunden Anlagen bestehen punktuell Vermittlungsstellen unterschiedlicher Größe. Die zweite Ebene transportiert die eigentlichen Sprach-, Fax- und Bilddaten, die mit Protokolldaten ergänzt werden, um eine ordnungsgemäße Adressierung und einen vollständigen Datentransport zu gewährleisten. Interinfrastrukturvernetzung findet auf dieser Ebene statt, da beispielsweise Energieversorger ihre Daten über die Telekommunikationsinfrastruktur austauschen können. Die dritte Ebene setzt sich aus Computersystemen zusammen, die Daten generieren, speichern, weiterleiten und kontrollieren. Um zum Beispiel Telefongebühren erheben zu können, müssen bestimmte Gesprächsinformationen gespeichert werden. Diese umfassen z.B. die Dauer, Entfernung und Tageszeit des Gesprächs. Maximalauslastungen des Telefonnetzes müssen ebenso wie im Energienetz adäquat verteilt werden, da die Übertragungskapazität des Telefonnetzes ein Zehntel zu vorhanden Telefonanschlüssen beträgt. Die Speicherung von Verbindungsdaten erfolgt ebenso wie das Ausbalancieren der Auslastung, digital. Dies hat zur Folge, dass Computerfehler Daten zerstören oder beim Abgleich der Nachfrage nach Verbindungen mit Leitungen zusammenbrechen können. Jede der drei beschriebenen Ebenen kann bei Störungen, die auf einer anderen Ebene auftreten, beeinträchtigt werden. Der Unterschied zu analoger Steuerung von Infrastrukturen ist dabei, dass durch die Digitalisierung eine dritte Ebene hinzugefügt wurde. Diese erlaubt umfangreichere und komplexere Steuerungsleistungen, fügt aber gleichzeitig weitere mögliche Fehlerquellen hinzu.

Finanz- und Bankinfrastruktur

Im Gegensatz zur Energie- und Informationsinfrastruktur handelt es sich bei der Finanzinfrastruktur nicht um eine netzförmige, sondern um eine punktuelle Infrastruktur.[36] Diese setzt sich hauptsächlich aus Geschäfts- und Zentralbanken, Kredit- und Kreditsicherungsagenturen, nationalen und internationalen Aufsichtsbehörden und Börsen sowie Abrechnungsstellen[37] zusammen. Dieser Sektor ist in informationsbasierten Gesellschaften der am weitestgehend regulierte.[38] Zentralbanken und Aufsichtsbehörden regulieren hierarchisch Finanzmarktinstrumente, Geldmengen und Zahlungsausgleich,

---

[35] Becker, Peggy in: Holdsworth, Dick (ed.), Scientific and Technological Options Assessment, Development of Surveillance Technology and Risk of Abuse of Economic Information, European Parliament, 1999, http://www.europarl.eu.int/stoa/publi/pop-up_en.htm, S. 12, [19.2.2001].

[36] Frey, René L., aaO.

[37] Financial Clearing Institutions

[38] Preliminary Research and Development Roadmap for Protecting and Assuring Critical National Infrastructures, Preliminary Research and Development Roadmap for Protecting and Assuring the Banking and Finance Infrastructure, Transition Office of the President's Commission on Critical Infrastructure Protection and the Critical Infrastructure Assurance Office, Washington, D.C., July 1998, http://www.ciao.gov/, A 11, [16.12.2001].

die unmittelbaren Einfluss auf die Finanzmärkte ausüben. Eine Änderung bestimmter Rahmenbedingungen, zu denken ist hier z.b. an Zinssätze, müssen zeitnah von allen Akteuren umgesetzt werden und wirken sich auf Handeln oder Unterlassen anderer Akteuere, mitunter auch haftungsrechtlich, aus. Um eine zeitnahe Umsetzung dieser sich ständig verändernden Rahmenbedingungen zu gewährleisten, basiert die Kommunikation und Information in diesem Sektor primär auf Videokonferenzen, Fernsehberichterstattung, Telefon-, Fax- und Emailnachrichten. Abrechnungsstellen zwischen Zentral- und Geschäftsbanken müssen, aufgrund internationaler Vereinbarungen, automatisiert in die Geschäftsprozesse einbezogen werden. Die einzige Möglichkeit für die Informationsverteilung ist ausschließlich der Rückgriff auf die Telekommunikationsinfrastruktur, die wiederum auf die Energieinfrastruktur angewiesen ist. Der unintendierte Vorteil einer punktuellen Infrastruktur, die erhöhte Ausfallsicherheit, wurde somit durch Verbindung über netzbasierte Sektoren abgebaut.

Neben Änderung von Rahmenbedingungen, vollzogen durch Datenaustausch, liegt auch den alltäglichen Kundenbeziehungen Austausch von Daten zu Grunde. Dieser umfasst die Abhebung von Geld an Geldautomaten oder Filialen, Liquiditäts- und Authentizitätsprüfung, Plazierung von Wertpapier- und anderen zeitsensitiven Aufträgen. Große Geldbeträge in unterschiedlichsten Formen werden nur noch in Form von Bits und Bytes transferiert und Banküberfälle werden, sobald Alarm ausgelöst ist, über die Kommunikationsinfrastruktur zu Polizeidienststellen übermittelt. Kundenvorgänge, die in einer Filiale getätigt werden sowie Risikomanagement müssen ebenfalls über die Kommunikationsinfrastruktur abgewickelt werden. Die Fortschreitende Internationalisierung des Bankgewerbes, die unter anderem zur Folge hat, dass rund um die Uhr Devisentransaktionen abgewickelt werden können, fordert Geschäftsbanken enge Verbindungen mit Partnerinstituten weltweit ab. Vorteile entstehen erst durch globale Aktionsmöglichkeiten. Zeitverzögerungen von wenigen Minuten durch Verzögerung oder Ausfall von Datenaustausch, können den zu erzielenden Gewinn vernichten, da

> „money moves at the speed of light. Information has to move faster."[39]

Analog gilt für Zentralbanken, dass diese in ständigem Austausch untereinander stehen müssen, um den Marktakteuren folgen und regulierend eingreifen zu können.

Administrativ werden sämtliche Prozesse zwangsläufig über Computer abgewickelt. Die zum Einsatz kommende Soft- und Hardware besteht größtenteils aus Massenprodukten. Diese, als Commercial-off-the-Shelf (COTS)[40]

---

[39] Toffler, Alvin, Toffler, Heidi, War and Anti-War, Boston, Little, Brown and Company, 1993, S. 63.

[40] COTS Produkte zeichnen sich dadurch aus, dass sie standardisiert für eine Vielzahl von Anwendern hergestellt werden können. Eine spezifische Anpassung kann nur unter großem Aufwand durchgeführt werden. Mit Internationalisierung der Produktion, die auch

bezeichneten Produkte bergen weitreichende Risiken, da einzelne Komponenten redundante Systeme in Mitleidenschaft ziehen können. Da die E-lektrizitäts- und Informationsinfrastrukturdienstleister ebenso auf den Einsatz von COTS Produkten angewiesen sind, multiplizieren sich Risiken sektorenübergreifend.

Zusammenfassend können die einzelnen Infrastrukturbereiche metaphorisch als Zwiebel beschrieben werden. Den inneren Kern bildet die Elektrizitätsinfrastruktur, um die sich die Informationsinfrastruktur legt, die wiederum von der Finanzinfrastruktur umgeben wird. Alle Sektoren werden mit gleichen Komponenten ausgestattet, was infrastrukturübergreifende Robustheit verringert. Zweitens sind sämtliche Prozesse als zeitkritisch einzustufen, da der Ausfall einer Komponente in einem Sektor weitere Komponenten, auch in anderen Sektoren, negativ beeinträchtigen kann. Drittens hat sich mittlerweile eine heterogene, marktbasierte Eigentümerstruktur entwickelt, die keine zentralen Entscheidungen mehr hinsichtlich des Aufbaus der Infrastruktur ermöglicht. Viertens ist ein rapider technologischer Wandel zu konstatieren, der alle Beteiligten vor ständig neu zu strukturierende Innovationen stellt.

Gemeinsam sind allen betrachteten Infrastruktursektoren die Verwendung von COTS Produkten, fundamentale technische Neuerungen in den letzten Jahren und die Vernetzung innerhalb und zwischen Sektoren. Folge der Umstellungen sind nichtlineare Prozessabläufe, vermehrte Steuerungsaufgaben und mangelnde Kooperationsbestrebungen von Politik und Wirtschaft. Nach Darstellung konkreter technischer Merkmale und Funktionsweisen der Infrastrukturbereiche werde ich nun auf technisch-subinfrastrukturelle Prozesse eingehen, die Steuerung und Aufbau der Infrastruktur berühren.

Infrastrukturtopologie

Bereits skizzierte Infrastrukturbereiche werden im folgenden durch ihnen allen gemeinsame Eigenschaften näher spezifiziert. Diese Elemente tragen zum reibungslosen Ablauf innerhalb der Infrastrukturen bei und ermöglichen deren Betrieb. Schwerpunkte folgender Betrachtung sind Commercial-Off-The-Shelf Produkte, unterschiedliche Arten des Aufbaus von Kommunikationsverbindungen in Netzwerken und, spezifisch für die Finanzinfrastruktur, global ausgerichtete Abrechnungssysteme für Finanztransaktionen.

Im Analogieschluss kann die Innovation des Buchdrucks mit der Erfindung von Chips, die alle Prozesse erst ermöglichen, gleichgesetzt werden:

COTS Produkte betrifft, ist nicht überschaubar, welche Komponenten in ein Produkt eingebaut wurden. Dies erhöht die Anfälligkeit von Systemen auch durch zunehmende Homogenisierung und Verringerung von Anbietern. Vgl. Morisi, Maurizio, Torchian, Marco, Definition and classification of COTS: a proposal, Departement of Computer and Information Science, Norwegian University of Science and Technology, http://www.idi.ntnu.no/emner/sif80at/curriculum/ICCBSS-sumit.pdf, [19.4.2002].

„When Johann Gutenberg pioneered moveable type in Europe in 1436, and when Intel designed the integrated circuit in the 1970s, the way we record, store, access, and peruse knowledge made quantum leaps forward and affected not only how we do our jobs, but what we do."[41]

Buchdruck automatisierte die manuelle Herstellung und ermöglichte eine nahezu unbegrenzte Vervielfältigung von Büchern. Mikrochips ermöglichen nahezu unbegrenzte Rechenoperationen. Diese Elemente ändern Prozesse innerhalb von Infrastrukturen und sind integraler Bestandteil von Infrastrukturen geworden. Die reflexive technologische Entwicklung, die bei der Digitalisierung in einer Zeitspanne von 20 Jahren vor sich ging, benötigte beim Buchdruck einige Jahrhunderte, um gleichwertige Umgestaltungen auszulösen. Insoweit war die Zeitspanne, die für gesellschaftliche Verarbeitung technischer Innovation zur Verfügung stand, um Dimensionen anders, was eine langsamere Umgestaltung mit sich brachte. Deshalb konnten angestossene Veränderungen über Generationen hinweg strukturiert werden. Buchdruck löste manuelle Produktion von Büchern ab und legte indirekt neue Wege der Weitergabe von Wissen offen. Die Informationsrevolution erlaubt den Druck von Büchern nach individueller Nachfrage oder umgeht das Medium Buch vollständig durch elektronische Formen. Der Umstieg von manueller zu maschineller Produktion ersetzte Arbeitskraft durch Energie, so wie informationsbasierte Produktion Arbeitskraft durch neue Organisationsformen und – weisen verändert. Dies geschieht auch durch den Einsatz von Commercial-Off-The-Shelf Produkten.

Commercial-Off-The-Shelf Soft- und Hardware

Der Begriff COTS kann sowohl auf Hardware, wie beispielsweise Chips, als auch Software, wie z.B. ein Betriebssystem, bezogen werden. Alle Produkte dieser Art weisen gemeinsame Charakteristika auf, die unter betriebswirtschaftlicher Betrachtung durchwegs positiv sind. Diese Merkmale sind eine nur einmalig vorzunehmende Integration, generell kostengünstiger Erwerb und keine Notwendigkeit, spezifische Entwicklung und Tests vorzunehmen. Unter Einbeziehung von Sicherheitsgesichtspunkten treten aber auch negative Aspekte zu Tage. Die fehlende Notwendigkeit von Anpassungen steht dem Problem der geringen Anpassungsmöglichkeit gegenüber, was zu suboptimalen Integrationsergebnissen führt. Veränderungen an den Produkten werden nicht für einen Kunden sondern asynchron herstellerseitig durchgeführt. Das Resultat ist teilweise ein Zwang, neue Produktkomponenten einsetzen zu müssen. Bei Insolvenz eines Herstellers oder Einstellung der Produktlinie findet keine Weiterentwicklung statt. In einem solchen Fall muss

---

[41] Wriston, Walter, Bits, Bytes, and Diplomacy, Foreign Affairs, Vol. 76, No. 5, September / October 1997, S. 173.

ein gänzlich neues Produkt eingeführt werden, was weitreichende Umstellungen nach sich zieht. Geschuldet sind diese Produkte mehreren Bedingungen. Erstens ermöglichen sie es unter Bedingungen von Economies of Scale, effizienter zu produzieren. Zweitens sind in einigen Sektoren nur noch wenige Wettbewerber vorhanden, die ein Produkt in möglichst großer Anzahl von Kontexten einsetzen wollen und müssen. Drittens sind Implementationen regelmäßig auf externe Dienstleister angewiesen, die größtenteils nur in der Lage sind, das vorherrschende Produkt zu implementieren. Somit erhöht geringe Anzahl an Dienstleistern und Anbietern die Homogenisierung der zum Einsatz kommenden Produkte weiter. Viertens hat sich die Nachfrage von Komponenten und fertigen Produkten, von einer Dominanz nationalstaatlicher Nachfrage zu einer Dominanz der Nachfrage durch Unternehmen und Konsumenten verschoben, was staatlichen Stellen keinen Einfluss auf die Entwicklung von Lösungen bietet.[42] Die Folge hieraus, ist eine strategische Abhängigkeit staatlicher Stellen gegenüber privat entwickelten Produkten, deren Herkunft nicht zweifelsfrei fest steht und damit mehrfacher Unsicherheit unterliegt. Fünftens ist die Gefahr eines Lock-in verringert.[43] Gefahr eines Lock-ins ist mit dem Einsatz von COTS Produkten zwar nicht gänzlich auszuschließen, industrieseitige Standardisierung verhindert jedoch in einer Vielzahl von Fällen die Einführung unterschiedlicher Systeme in unterschiedlichen geografischen Regionen. Zurückzuführen ist dies auf die Notwendigkeit, Investitionen in Forschung und Entwicklung durch den Verkauf der daraus entstandenen Produkte zurück zu erhalten. Dies ist wegen dramatisch gestiegener Kosten für Forschung und Entwicklung, nur durch weltweiten Vertrieb möglich. Folge ist erhöhte technische Homogenität, die ebenfalls zweischneidig ist, da Kosteneinsparungen durch Vermeidung eines Lock-in Gesichtspunkte, wie mangelnde Redundanz, aufzehren können.

COTS Hard- und Software wird für eine Vielzahl von Anwendungen produziert und ist in allen Infrastrukturbereichen vorhanden. Diese Produkte

---

[42] "Even before the Cold War ended, the leading role of defense acquisition had begun to fade. Military electronics started lagging behind commercial electronics and could only hope to stay current through spin-ons on commercial technologies." Libicki, Martin C., The Meash and the Net, Speculations on Armed Conflict in a Time of Free Silicon, McNair Paper 28, Washington D.C., National Defense University 1994, S. 6.

[43] „The introduction of color television technology in the United States and in Europe took different paths. Because color television was introduced somewhat later in Europe than in the United States, European countries were able to take advantage of better techologies that provide a superior image. These technologies are incompatible with the American standard, so converting the United States to one of these superior systems would immediately make obsolete the vast installed base of color receivers and broadcast equipment. Because the cost of switiching is so high, the United States has for a number of years been locked in to an inferior technology." Blume, Lawrence E., in: Ryan, Henry, Peatree, C. Edward (eds.), The Information Revolution and International Society, Washington, The Center for Strategic and International Studies, 1998, S. 5.

können in eine vertikale und horizontale Ebene, nach Möglichkeit des Einsatzes, aufgespalten werden:

> "Horizontal: the functionality is not specific to a domain, but can
> be reused across many different application domains. [...] Vertical:
> the functionality is specific to a domain, and can be reused only in
> the domain."[44]

Horizontale Elemente sind in der zweiten Ebene von Infrastrukturen, in Form von Steuerungselementen, Protokollen und computerbasierten Anwendungen, vertikale Elemente in der ersten Ebene zu lokalisieren, da zum Beispiel in Kraftwerken eingesetzte Transformatoren nur für Stromversorger produziert werden. Vertikale Elemente zeichnen sich, unabhängig von dem Sektor, in dem sie zum Einsatz kommen, dadurch aus, dass nur eine geringe Anzahl von Herstellern vorhanden ist, die ein Produkt für eine Vielzahl unterschiedlicher Anwendungsbereiche produziert. Wer die Komponenten produziert, ist in der Regel nicht nachzuvollziehen:

> „A snapshot of a shipping label for some integrated circuits pro-
> duced by an American firm [...] said, "Made in one or more of the
> following countries: Korea, Hong Kong, Malaysia, Singapore, Tai-
> wan, Mauritius, Thailand, Indonesia, Mexico, Philippines. The e-
> xact country of origin is unknown.""[45]

Dies hat zur Folge, dass logische Bomben[46] leicht zu implementieren sind, diese nicht zu einem Produzenten zurückverfolgt werden können und Spezifikationen öffentlich zugänglich sind:

> „The communications revolution will also accelerate the transfer
> of open-source, defense-relevant technology, making it much
> harder to control."[47]

Fällt ein COTS Produkt, außer aus Gründen von Verschleiß aus, unterliegt das Ersatzsystem den gleichen Umweltfaktoren und wird ebenfalls ausfallen.[48]

---

[44] Morisio, Maurizio, Torchiano, Marco, Definition and classification of COTS: a proposal, http://www.idi.ntnu.no/emner/sif80at/curriculum/ICCBSS-sumit.pdf, S. 7, [19.4.2002].

[45] Walter B. Wriston, The Twilight of Sovereignty, New York, Charles Scribner's Sons, 1992, S. 10.

[46] "John Deutch, as Director of Central Intelligence, offered his view that the electron is the ultimate precision-guided weapon. [...] Viruses now appear as Trojan Horses, hidden within a host programma and triggered upon execution; worms, which obliterate or alter data as they bore through systems memory; and logic bombs which embed themselves in an executable file until activated by a specific event, such as a date." Freedman, Lawrence, The Revolution in Strategic Affairs, Adelphi Papers 318, Oxford, Oxford University Press, 1998, S. 54.

[47] Libicki, Martin C., The Meash and the Net, Speculations on Armed Conflict in a Time of Free Silicon, McNair Paper 28, Washington D.C., National Defense University 1994, S. 100.

[48] Vgl. Hundley, Richard O., Anderson, Robert H., Emerging Challenge: Security and Safety in Cyberspace, in: Arquilla, John, Ronfeld, David (ed.), In Athena's Camp, Preparing for Conflict in the Information Age, Santa Monica, Rand 1997, S. 235: "Conventional wis-

Aus Gründen industrieller Massenproduktion und möglichst großer Marktdurchdringung werden COTS Produkte, wie angesprochen, für eine Vielzahl von Anwendern und Anwendungen produziert. Deswegen werden niemals alle Funktionen, die diese Produkte ermöglichen, zum Einsatz kommen. So sind - exemplarisch - in Standardbetriebssystemen eine Vielzahl von Funktionen vorhanden, die die Anwendung von Heimbedarf bis zu Unternehmen ermöglichen. Aber auch unterschiedliche Systeme bestehen in weiten Teilen aus dem gleichen Programmcode, was sie mit identischen Schwachpunkten ausstattet. Die unterschiedlichen Implementationen blenden nicht benötigte Komponenten lediglich aus. Fehlerhafte Routinen und Komponenten, die ausgeblendet sind, können jedoch trotzdem zu Ausfällen des Systems führen. Kumulativ können daher durchaus einzelne Routinen bewusst fehlerhaft konzipiert werden um einen Ausfall herbeizuführen. Ebenso können Hardwarebauteile eines Herstellers in COTS Produkten anderer Hersteller eingesetzt werden. Folge ist eine weitere Verringerung von Redundanz.

Vorbereitung strategischer Informationskriegsführung kann dadurch lange vor einem Angriff geplant und durchgeführt werden, ohne dass dies feststellbar ist. Damit eröffnen sich für informationsbasierte Gesellschaften weitere Gefahrenbereiche. Folge dieser Entwicklungen sind transinfrastrukturelle Homogenisierung von Komponenten, Interdependenz von Infrastrukturen und Abbau staatlichen Einflusses auf Entwicklungsprozzesse, um nur einige Determinanten aufzuführen.

Kommunikationstransport in Netzwerken

Grundlegende Aufgabe von Netzwerken, die selbstverständlich auch unter Verwendung von COTS Komponenten betrieben werden, ist es, bestimmte Daten von einem Punkt zu einem anderen zu transportieren. Der Normalbetrieb, bei dem die gewünschten Daten reibungslos zwischen Sender und Empfänger verschickt werden können, ist für die folgende Untersuchung irrelevant. Ausfälle von Datenkommunikation und Steuerungsmöglichkeit in Netzwerken wurden in den 60er Jahren des letzten Jahrhunderts untersucht.[49] Diese Untersuchungen führten ein Jahrzehnt später zur Entwicklung des TCP/IP[50] Protokolls:

---

dom regarding these questions is not always correct. For example, prior to 1990, the AT&T long distance network in the U.S. was usually thought to be very robust, with many alternative paths for long distance calls to take, going through different switching centers. But all of these switching centers use the same software, and when new software was introduced in 1990, every long distance switch had the same bad line of code. So at the software-level, there was no redundancy at all, but rather a fragility that brought a large part of the AT&T long distance network down."

[49] Baran, Paul, On Distributed Communications, Memorandum RM-3097-PR, August 1964, Rand, http://www.rand.org/publications/RM/RM3097/index.html, [31.3.2002].

[50] "Consider: in 1980, there were under 200 hosts on the ARPANET. A few countries were beginning to experiment with national networks. The first commercial workstations were

"[to enable] large communications systems where system reliability and survivability are mandatory. As these requirements become increasingly stringent, we are forced to consider new and more complicated Systems than we might otherwise prefer."[51]

Gegenstand der Untersuchungen waren Arten der Verbindung einzelner Komponenten von Netzwerkknotenpunkten, die als zentralisierte, dezentralisierte und verteilte Netzwerktopologien definiert werden. Auf unterschiedliche Vermittlungsarten, die diese zwischen einzelnen Knotenpunkten ermöglichen, soll im Folgenden eingegangen werden, um die Ausfallsicherheit von Informationsverbindungen darstellen zu können.

Fallen Kommunikationsverbindungen fernadministrierter Anlagen aus, werden Administratoren „blind" und können eine Steuerung nicht länger aufrecht erhalten. Oberhalb des TCP/IP Protokolls verrichten SCADA[52] Systeme ihren Dienst. Diese sind notwendig, da große Mengen zeitkritischer Informationen im Millisekundenbereich verarbeitet werden müssen.[53] Auf Grund von Privatisierung wurden sicherere Techniken nicht installiert.[54] Bedingung verteilten Datenaustausches für SCADA Systeme ist, dass mehrere Datenwege vorhanden sind. Fällt eine Stromleitung, z.B. durch äußere Einwirkung aus,

---

not yet on the market, and the PC industry was in its infancy. The first, primitive Usenet newsgroups were flowing among a few dozen machines using 30 cps2 modem technology. And the World-Wide Web was pure science fiction and a dozen years away." Spafford, Eugene H., One View of A Critical National Need: Support for Information Security Education and Research, citeseer.nj.nec.com/spafford97one.html, S. 2, [11.11.2001].

[51] aaO., Preface.

[52] Supervisory Control and Data Acquisition; "SCADA systems are not protected by encryption or authentication; however, they typically use proprietary message protocols and dedicated communication systems. Pressure to reduce costs is driving the industry toward open systems and shared communcation networks. Data will be required from an increasing number of field devices, but competitive pressures will limit information security expenditures. SCADA systems are vulnerable because (1) the industry has not increased security measures in the configuration and implementation of commercial-off-the-shelf (COTS) hardware and software, (2) connections are made to other company networks, and (3) the industry relies on dial-back modems that can be bypassed." Preliminary Research and Development Roadmap for Protecting and Assuring Critical National Infrastructures, Transition Office of the President's Commission on Critical Infrastructure Protection and the Critical Infrastructure Assurance Office, Washington, D.C., July 1998, http://www.ciao.gov/, B-13, [16.12.2001].

[53] aaO., B-34.

[54] „The EPS is being restructured to a market-based environment. It is likely that centralized planning and coordination, as practiced by utilities in regulated environment, will change. To remain competitive in the future, utilities need to control costs, so they may need to operate with lower safety margins. Traditional safety margins, such as higher generation and transmission reserve capacities, typically built into electric systems in a regulated environment, may not be as large after restructuring. [...] Incentives for utilities to invest in reliability measures [...] are unclear, and investment has dropped precipitously in recent years. In the emerging, competitive market, it is not clear that anyone has responsibility for developing new approaches and technologies for enhancing reliability, particularly if implementation is required at the system level.", aaO., B-28 f.

kommt der Kommunikationsaustausch, der auf diesen Leitungen transportiert wird, zum Erliegen. Gegen Eventualitäten dieser Art trifft das TCP/IP Protokoll Vorsorge.

Netzwerktopologie

Historischer Vorläufer heutiger Kommunikationstechnologie war der Telegraf, der innerhalb eines zentralisiert-nationalstaatlichen[55] Systems eingesetzt wurde. Dieses, erstmals 1844 demonstrierte Kommunikationssystem, wurde rasch in andere technische Bereiche integriert:

> „By January 27, 1846, telegraphic communication linked New York and Philadelphia, via Network. Until direct lines were installed a few months later, messengers ran between the telegraph office and Wall Street. It was two more years before the New York and New Orleans foreign exchange markets could directly communicate, but by then messages time was nearly instantaneous."[56]

Umfang und Geschwindigkeit dieser Prozesse beschleunigten sich exponential mit der Einführung des Telefons und nochmals mit der Ermöglichung weltweiter digital-netzwerkbasierter Kommunikationsmöglichkeiten. Das TCP/IP Protokoll, in den 70er Jahren des letzten Jahrhunderts unter Federführung der DARPA entwickelt, wurde unter dem Gesichtspunkt der Aufrechterhaltung von Kommunikation auch nach einem nuklearen Erstschlag entworfen. Um diese zu gewährleisten, können einzelne Datenpakete, die von Steuerungsdaten ummantelt sind, unterschiedliche Wege in einem Netzwerk zurücklegen. Steuerungsdaten legen fest, wo der Empfänger zu lokalisieren ist, ob bei der Übertragung ein Datenverlust zu zeitigen war und ob deshalb die Integrität der Anwendungsdaten noch erhalten ist oder diese erneut übertragen werden müssen[57]. Bildlich gesprochen können Protokolldaten mit der Adresse auf einem Briefkuvert verglichen werden, da beide dafür sorgen, dass Nachrichten richtig zugestellt werden.

Notwendig sind Steuerungsdaten[58], da es sich nicht um statische, fest gekoppelte Verbindungen zwischen zwei Punkten handelt. Da das TCP/IP Protokoll es ermöglicht, über eine nicht feststehende Anzahl von Wegen eine Ver-

---

[55] Grenzüberschreitende Telegramme mussten an den Grenzstellen von einem System mittels manueller Eingabe in das System des benachbarten Staates übertragen werden.

[56] Targowski, Andrew S., Global Information Infrastructure, Harrisburg, Idea Group Publishing, 1996, S. 171.

[57] Sollten die Steuerungsdaten während der Übertragung Integritätsverluste erleiden, so wird dieses Paket in der Regel den Empfänger nicht erreichen und muss erneut übertragen werden. Wobei eine Einteilung der Integrität nach Anwendungs- und Steuerungsdaten idealtypisch zu verstehen ist, da stets beide Teile betroffen sein werden.

[58] Die Protokolldaten die die Anwendungsdaten umschließen.

bindung zu etablieren, ist die Topologie bei Normalbetrieb unerheblich und wirkt sich primär auf Redundanz- und Ausfallgesichtspunkte aus.

Netzwerke können mit unterschiedlichen Modellen bezüglich ihres jeweiligen virtuellen Aufbaus beschrieben werden, welcher sich auf Informationsflüsse, Anfälligkeitsarten und Kapazitäten auswirkt. Netzwerktopologien können zentralisiert, dezentral sowie verteilt aufgebaut sein.[59] Zentralisierte Strukturen bieten feste Kopplungen von A nach B. Fällt der zentrale Punkt C, der A mit B verbindet aus, können keine Daten mehr ausgetauscht werden. Dezentralisierte Systeme verbinden mehrere zentrale Punkte miteinander, lockern feste Kopplung auf und bieten alternative Routen um Daten zu transportieren. Erst unter diesen Bedingungen kann das TCP/IP Protokoll seine Fähigkeiten entfalten. Technisch wird dies durch die Verbindung von Knotenpunkten, an denen mehrere Zielsysteme sternförmig angeschlossen sind, gewährleistet. Fällt ein Knotenpunkt aus, können alle an diesen Knotenpunkt primär angeschlossenen Einheiten nicht länger Daten empfangen und versenden. Soll eine Nachricht von A nach D über Knotenpunkt C transportiert werden und C fällt als Vermittler aus, ist der Nachrichtenaustausch unterbunden. Besteht ein Alternativweg über den Knotenpunkt E kann die Nachricht über diesen Weg versendet werden. Eine Topologie mit perfekter Verbindung ist vorhanden wenn:

> „a connection [permits] to be established between any two points in a network composed of short links that connect switching nodes. Each link terminates at two and only two switching nodes and any number of tandem links may be used to form the connection. The channel capacity of all links and nodes permits all such possible connections to exist simultaneously."[60]

Dieser Idealtypus perfekter Vermittlung liegt in keinem überregionalen Netzwerk vor, da niemals alle individuellen Systeme miteinander verbunden werden können. An spezifischen Punkten entstehen immer Flaschenhälse, die einen Kommunikationsaufbau erschweren. In Folge dessen ist eine Mischtopologie zwischen dezentralen und perfekten Verbindungen vorhanden. Lose gekoppelte Netzwerke bieten den Vorteil, dass jede Einheit an mehrere Knotenpunkte angeschlossen werden kann, beziehungsweise jede Einheit einen eigenen Knotenpunkt darstellt. Nachteilig kann diese als lose Kopplung zu bezeichnende Verbindung bei sogenannten kaskadierenden Fehlern[61] sein, da

---

[59] Baran, Paul, On Distributed Communications: V. History, Alternative Approaches, and Comparisions, Santa Monica, Rand 1964, http://www.rand.org/publications/RM/RM3097/RM3097.chapter2.html, S. 1, [31.3.2002].

[60] Baran, Paul, On Distributed Communications, Memorandum RM-3097-PR, August 1964, Rand, http://www.rand.org/publications/RM/RM3097/index.html, Chapter 2, S. 3, [31.3.2002].

[61] "The physical vulnerability of greatest concern [...] is a cascading failure. A cascade is the progressive failure of the system, as sequential outages of individual components result in widespread [...] collapse and system deintegration." Roadmap, aaO., B-13. Eine andere Definition bietet Anderon: "Loss of critical control networks due to cyber-attack leading to

sämtliche Rechner innerhalb eines Netzwerkes eine Degradation an Funktionsfähigkeit erfahren können. Dies kann zum vollständigen Zusammenbruch führen. Desweiteren können Fehler dieser Art nur äusserst schwer verortet werden.[62]

Eine geografische Unterteilung von Netzwerken in MAN, NII und GII[63] muss unter der Bedingung von kaskadierenden Fehlern und loser Kopplung ebenso aufgegeben werden wie die Unterteilung in einzelne Ebenen von Infrastrukturen, intra- und interinfrastrukturelle Vernetzung oder die Trennung von Steuerungs- und Anwendungsdaten. Desweiteren kann ein

> „network [which is] a complex of trunks, switches, database servers, digital cross-connect systems, and customer premises equipment"[64]

eine bislang ungekannte Vielzahl an Fehlerquellen, -orten und damit Kompetenzen und Lösungsansätzen zur Beseitigung beinhalten. Zieht man die Charakterisierung von Schleher heran, die die GII als

> „a worldwide interconnection of communication networks, computers, data bases, and electronic equipment that make vast amounts of information available to users"[65]

charakterisiert, so kann nicht ausgeschlossen werden, dass ein defekter Chip in einem Switch kaskadierende Fehler erzeugt, was regionale oder überregionale Ausfälle der Infrastruktur auslösen kann.[66] Kumulativ erhöht die Geschwindigkeit des Datenaustausches die Anforderungen an Hardware und gleichzeitig den Bedarf und die Nachfrage nach Datenaustausch.[67]

Um die technologische Entwicklung darzustellen, sei auf die Steigerung der Geschwindigkeit des Datenaustausches in den letzten zwanzig Jahren eingegangen. Zu Beginn der 80er Jahre des letzten Jahrhunderts benötigte der Transfer des gesamten Bestandes der Library of Congress von einem Ort zu

---

loss of service in the controlled systems, leading to further failures." Anderson, Robert H., Feldman, Phillip M., Gerwehr, Scott, Houghton, Brian, Mesic, Richard, Pinder, John D., Rothenberg, Jeff, Chiesa, James, Securing the U.S. Defense Infrastructure: A Proposed Approach, Santa Monica, Rand, 1999, S.17.

[62] Vgl. Cobb, Adam, Thinking about the Unthinkable: Australian Vulnerabilities to High-Tech Risks, http://www.aph.gov.au/library/pubs/rp/1997-98/98rp18.htm, [12.6.2002].

[63] Metropolitan Area Network, National Information Infrastructure, Global Information Infrastructure.

[64] Anderson, Robert H., Feldman, Phillip M., Gerwehr, Scott, Houghton, Brian, Mesic, Richard, Pinder, John D., Rothenberg, Jeff, Chiesa, James, Securing the U.S. Defense Infrastructure: A Proposed Approach, Santa Monica, Rand, 1999, S. 17.

[65] Schleher, Curtis, Electronic Warfare in the Information Age, Norwood, Artech House Inc., 1999, S. 4.

[66] Dies mag zwar übertrieben erscheinen, rein logisch oder technisch ausgeschlossen werden kann dies nicht.

[67] In diesem Zusammenhang entsteht eine Spirale hin zu grösserer Verfügbarkeit von Daten die zu einer grösseren Nachfrage an Daten führt, was zu Umstellungen in der Datenverarbeitung führt, um grössere Mengen an Daten zu verarbeiten und grössere Verfügbarkeit nötig macht.

einem anderen 2000 Jahre. Durch neue Technologien ist dies nun binnen 24 Stunden möglich.[68] Folge und Bedingung zugleich sind äußerst rapide Innovationszyklen und ständiger Umbau verwendeter Hard- und Software, die die Daten weiterleiten. Dies bedarf permanenter Adaption von Administratoren und Eigentümern der Infrastruktur, die aus holistischer Perspektive suboptimal verläuft, da die Ratio von Economies of Scale Kosteneinsparungen durch mengenmässiges Wachstum sind, was Gesichtspunkte wie Redundanz und Stabilität in einen untergeordneten Rang verschiebt. Adaptionen werden in Bereichen vorgenommen, die sich bei Normalbetrieb nicht auf die Qualität der zu erbringenden Leistung auswirken, bei Ausfall jedoch katastrophale Folgen zeitigen.[69]

Dies führte zu technischen Systemen, die Umweltkomplexität im Sinne luhmannscher sozialer Systeme, nicht mittels struktureller Kopplungen, die zügig abgebrochen werden können ohne größeren Einbussen zu unterliegen, sondern durch Interpenetration, die die Komplexität anderer Sektoren inkorporiert, aufrecht erhalten.

Die Kategorisierung robusterer gegenüber weniger robusten Infrastrukturen ist dadurch erschwert. Qualitativ kann ein Unterschied zwischen der Elektrizitätsinfrastruktur einerseits und der Informations- und Finanzinfrastruktur andererseits konstatiert werden. Die autarke Elektrizitätsinfrastruktur bedarf teilweise der Informationsinfrastruktur, sollte jedoch temporär ihren Betrieb auch ohne externe Kommunikationsdienstleistungen aufrecht erhalten können, so lange keine kaskadierenden, interinfrastrukturellen Fehlerquellen aus anderen Sektoren übergreifen. Im Gegensatz dazu besitzt die Informationsinfrastruktur permanenten Energiebedarf, die Finanzinfrastruktur ist sowohl auf Elektrizität als auch Kommunikation angewiesen.

Festgestellt werden kann somit, dass jede weiter aufgeschichtete Infrastruktur die Komplexität und Anfälligkeit darunter liegender Schichten inkorporiert. Kumulativ ist jede weitere Infrastruktur auf größeren Informations- und Administratsionsbedarf angewiesen. Innerhalb der Elektrizitätsinfrastruktur sind weite Teile noch mittels fester Kopplungen über analoge Protokolle administrierbar. Dies ist ihrer Entstehung zu Beginn des letzten Jahrhunderts geschuldet, wird aber nach und nach abgebaut und führt zu steigender Anfälligkeit. Die anderen beiden Infrastrukturen sind vollständig digitalisiert. Abrechnungssysteme für Finanzmarktmittel sind der komplexeste Infrastrukturbereich hinsichtlich Regulierung, Administration, Querschnittsdependenz und Ablauf von Kernprozessen innerhalb der Infrastruktur, welcher im weiteren Verlauf näher beschrieben werden soll.

---

[68] Wriston, Walter B., The Twilight of Sovereignty, New York, Charles Scribner's Sons, 1992, S. 21.

[69] Fehlerquellen können topologisch folgendermassen klassifiziert werden: Human Error (Lay man or expert), Acts of Nature, Hardware Failures, Software Failures, Overloads, Vandalism; Kuhn, Richard D., Sources of Failure in the Public Switched Telephone Network, IEEE Computer, Vol. 30, No. 4, April 1997, S. 2.

Large-Value Transfer Networks

Die weltweite Finanzinfrastruktur entwickelte sich aus den nationalen Systemen Großbritanniens und der Vereinigten Staaten. Dieses System des Austauschs von Werten in Form von Banknoten wurde auf andere Finanzmarktinstrumente übertragen. Die Schaffung neuer Erwartungen über Erwartungen an Börsen führte zu virtueller Handelbarkeit und Ausweitung des Austausches über nationale Grenzen hinweg:

> „By the end of the 18th century, trade of securities (*stock exchange*) took place in London (1773) and later in New York (1792). By the end of the 19th century the New York Stock Exchange were effectively trading stocks and bond shares among their owners through the floor brokers and their parent firms."[70]

Nach den ersten beiden Innovationen - Schaffung alternativer Finanzmarktinstrumente und elektronischen Handels - bedurfte es weiterer 180 Jahre um einen neuen Innovationszyklus einzuleiten:

> „In order to take full advantage of the banking and stock exchange systems, the *Electronic Funds Transfer Systems* (EFTS) was invented. It replaces paper money with electronic money processed by computers and their networks. EFTS is a tool to communicate, transport, integrate, and share information among financial institutions and their customers. On October 28, 1974, the Congress of the United States provided for the creation of a National Commission on Electronic Fund Transfers. It is a new information infrastructure for the facilitation of payment mechanisms."[71]

Die Einführung elektronischen Handels über Computersysteme koinzidierte wiederum mit einer Periode, in der

> "the most powerful states have liberalized their external capital controls almost completely."[72]

Durch das Bankinformationssystem, das als Verbindung privater und öffentlicher lokaler, regionaler und nationaler Datennetzwerke entstand, wur-

---

[70] Targowski, Andrew S., aaO., S. 165.
[71] Targowski, Andrew S., aaO., S. 165. "The Federal Reserve has been moving funds electronically since 1918. In conjunction with the change from weekly to daily settlement, the Reserve Banks installed a private telegraph system for themselves and began to process transfers of funds. Treasury securities became transferable by telegraph in the 1920s. The nation's funds and securities transfer system remained largely telegraphic until the early 1970s." Federal Reserve Bank of New York, http://www.ny.frb.org/pihome/fedpoint/ fed43.html, [13.1.2002].
[72] Helleiner, Eric, Electronic Money: A Challenge to the Sovereign State?, Journal of International Affairs, Vol. 51, No. 2, Spring 1998, S. 390.

de eine institutionelle Umstrukturierung ermöglicht.[73] Vorbedingung der Liberalisierung waren neue technische Möglichkeiten. Deren Ausgangspunkt war elektronische Kommunikation, über die Zentralbanken ihren Nachrichtenverkehr untereinander abwickelten.

Abwicklung von Zahlungen innerhalb des Finanzsystems laufen über elektronische Transfersysteme:[74]

> "Interbank funds transfer systems are arrangements through which funds transfers are made between banks for their own account or on behalf of their customers. Of such systems, *large-value funds transfer systems* are usually distinguished from retail funds transfer systems that handle a large volume of payments of relatively low value in such forms as cheques, giro credit transfers, automated clearing house transactions and electronic funds transfers at the point of sale. The average size of transfers through large-value funds transfer systems is substantial and the transfers are typically more time-critical, not least because many of the payments are in settlement of financial market transactions."[75]

Geschäftsbanken, die innerhalb einer Jurisdiktion Transaktionen vornehmen, müssen das Gross Settlement System der jeweiligen Notenbank in Anspruch nehmen und Konten bei dieser, über die die Transaktionen abgewickelt werden, unterhalten. Um internationale Finanztransaktionen zwischen Geschäftsbanken abzuwickeln, wurden Real Time Gross Settlement Systeme[76]

---

[73] "Fedwire is used by Federal Reserve Banks and Branches, the Treasury and other government agencies, and some 9,500 depository institutions. The system is available on-line to about 8,200 users -- depository institutions with computers or terminals that communicate directly with the Fedwire network. These users originate over 99 percent of total funds transfers. The remaining customers have off-line access to Fedwire for a limited number of transactions. [...] Transfers over Fedwire require relatively few bookkeeping entries. Suppose an individual or a private or government organization asks a bank to transfer funds. If the banks of the sender and receiver are in different Federal Reserve districts, the sending bank debits the sender's account and asks its local Reserve Bank to send a transfer order to the Reserve Bank serving the receiver's bank. The two Reserve Banks settle with each other through the Interdistrict Settlement Fund, a bookkeeping system that records Federal Reserve interdistrict transactions. Finally, the receiving bank notifies the recipient of the transfer and credits its account. Once the transfer is received, it is final and the receiver may use the funds immediately." Federal Reserve Bank of New York, http://www.ny.frb.org/ pihome/ fedpoint/fed43.html, [13.1.2002].

[74] "The global payment system is in effect created by a complex web of banks and other institutions.[...] Large-value transfer systems within countries form a loose payments network bound together globally by correspondent banking arrangements.", Dingle, James F., The Elements of the Global Network for Large-Value Funds Transfers, Bank of Canada, 2001, www.bankofcanada.ca/en/res/wp01-1.htm, S. 1, [12.6.2002].

[75] Real Time Gross Settlement Systems, Report prepared by the Committee on Payment and Settlement Systems of the central banks of the Group of Ten countries, Basel, März 1997, newrisk.ifci.ch/137240.htm, S. 11, [11.4.2002].

[76] „Der Kreis der Teilnehmer an einem (nationalen) RTGS ist meist grundsätzlich auf inländische Banken beschränkt. *Diese müssen über ein Konto bei der betreffenden Zentralbank* sowie über eine entsprechende Infrastruktur verfügen. In einzelnen Ländern [...] gelten zusätzli-

in privater Hand etabliert.[77] Diese vermitteln den Zahlungsverkehr unter Einbeziehung von Notenbanken und dienen als Gewährsstellen ordnungsgemäßer Abwicklung.[78] Um eine Transaktion grenzüberschreitend zu tätigen, wird als Mittler in *jeder* Jurisdiktion eine Clearinginstitution eingeschaltet.[79] Die Geschäftsbank, die eine Transaktion anstösst, sendet eine standardisierte Nachricht[80] an die zuständige Clearing Institution. Diese prüft, ob Deckung für den

---

che Teilnahmekriterien, meist in Form einer minimalen Kapitalanforderung. In vielen Ländern können auch andere Finanzinstitute wie „Brokerage"-Firmen, Verwahrstellen für Wertpapier, Clearinghäuser sowie gewisse staatliche in- und ausländische Institutionen am jeweiligen RTGS-System teilnehmen. [...] Die Zentralbank eines Landes nimmt im Zusammenhang mit einem RTGS-System meistens spezielle Funktionen wahr: Neben der Kreditgewährung und der Kontoführung übernimmt sie typischerweise auch die Rolle der Aufsichtsbehörde und Betreiberin des Systems. Im Rahmen ihrer Aufsichtsfunktion gestaltet sie im wesentlichen die Systemregeln, die in Reglementen und Handbüchern festgehalten werden. Als Betreiberin übernimmt sie im Rahmen dieser vordefinierten Regeln zudem die laufende Systemsteuerung wahr." Bibus, Katharina, Die Funktionsweise und Effizienz eines „Real-Time-Gross-Settlement" (RTGS)"-Systems: Die Modellierung des Liquiditätsverhaltens von Geschäftsbanken im Rahmen eines spieltheoretischen Ansatzes, Dissertation der Wirtschaftswissenschaftlichen Fakultät der Universität Zürich, Ecofin, 1999, S. 10. Dass die Notenbanken den Betrieb des Systems übernehmen, muss widersprochen werden. „In general we can say that at one extreme are central banks that do not operate payment systems themselves and also do not have explicit regulatory power over private sector payment systems. In these circumstances central banks have little choice but to work with the market by means of a permanent dialoge with its participants. At the other extreme are central banks that both own and operate payment systems, and who may therefore be tempted to impose a solution on the market." Hartmann, Wendelin, Mr Hartmann reports on central bank involvement in the design, operation and oversight of payment systems, Conference Speak at the Organisation of Central and Eastern European Clearing Houses, 6-8 October 1999, www.bis.org/review/r991101b.pdf, S. 3, [17.6.2002]; "Moreover, this settlement process is based on the realtime transfer of central bank money.", Overview of RTGS systems, newrisk.ifci.ch/139020.htm, S. 1, [29.3.2001].

[77] SWIFT, TARGET ("Moreover, the central banks of the European Union have collectively decided that every EU member states should have an RTGS system for large-value transfers and that these domestic RTGS systems should be linked together to form a pan-EU RTGS system." (TARGET) Bank for International Settlements, Real-Time Gross Settlement Systems, www.bis.org/publ/cpss26.htm, S. 1, [11.4.2002].), SIC und ASIACLEAR als Systeme die für internationales und Fedwire als System das für nationales Clearing innerhalb der G-10 zum Einsatz kommt.

[78] "It is immediately evident that the amount of relevant institutional information rises by a factor equal to the number of major national systems." Dingle, James F., The Elements of the Global Network for Large-Value Funds Transfers, Bank of Canada, 2001, www.bankofcanada.ca/en/res/wp01-1.htm, S. 22, [12.6.2002]. Diese können somit auch als Intermediaries bezeichnet werden.

[79] Sinn und Zweck von Clearinginstitutionen ist es, den Transfer von Kapital jurisdiktionsübergreifend zu gewährleisten. „Because they are multilateral, these market infrastructures need a trusted third party to provide secure, reliable and proven messaging solutions." http://www.swift.com/index.cfm?item_id=41322, [11.4.2002].

[80] ISO 15022 „The basic (third-party) international credit-transfer message standard covers the amount of the payment, the currency in which it is denominated, the value date, the payor, the payee, and the various banks involved." Dingle, James F., The Elements of the

angeforderten Betrag bei der Notenbank vorhanden ist oder eine entsprechende Kreditlinie gewährt wird. Fällt die Prüfung positiv aus, wird eine Nachricht von der Clearinginstitution des einen an die Clearinginstitution des anderen Landes versendet. Die Clearinginstitution des Empfängerlandes übermittelt die Transaktionsdaten an die Notenbank. Diese wartet auf eine Bestätigung oder Annulierung der Transaktion durch das Empfängerinstitut. In einem weiteren Schritt wird die Transaktion als durchgeführt[81] gekennzeichnet, der Kapitaltransfer verbucht und die Daten aus dem System der Clearingstelle gelöscht.

Eine Transaktion kann, je nach Kreditlinie, die die Zentralbank der handelnden Partei gewährt, zurückgewiesen, gespeichert oder durchgeführt werden. Zurückgewiesene Transaktionsanforderungen, auf Grund nicht vorhandener Kreditlinien, werden aus dem System gelöscht. Ist eine Transaktion gedeckt, jedoch nicht durchführbar, da die Bestätigungsnachricht wegen Problemen in der Informationsinfrastruktur oder in den Computersystemen nicht versendet wird bzw. werden kann, wird diese im RTGS System gespeichert und periodisch versucht, diese erneut zu versenden. Dies verursacht zwar erhöhten Datenverkehr, ist bei Normalbetrieb mit geringer Anzahl nicht finalisierter Transaktionen aber unerheblich. Je mehr Transaktionen allerdings nicht versendet werden können, desto wahrscheinlicher ist ein Zusammenbruch der Abwicklung aller Transaktionen, da ab einem gewissen Zeitpunkt die Anzahl der Wiederhohlungsversuche die Gesamtkapazität übersteigen kann. Dritte Alternative ist die reibungslose Abwicklung der Transaktion, was bis heute die überwältigende Mehrzahl der Fälle darstellt. Konten von Geschäftsbanken bei Notenbanken bilden die Transaktion durch einen veränderten Kontostand ab, und weitere Transaktionen können mit dem gleichen Kapital getätigt werden.[82] Jede Transaktion zieht dabei weitere Transaktionen nach sich:

Global Network for Large-Value Funds Transfers, Bank of Canada, 2001, www.bankofcanada.ca/en/res/wp01-1.htm, S. 35, [12.6.2002].

[81] "The logic is as follows: If the receiving bank has just been informed that a transfer has occurred, then that institution knows with certainty that its settlement account at the central bank has just experienced a credit in the amount of the transfer. If the credit is legally irreversible, and since there is no chance that the central bank can ever be in default, the funds transfer is final. Consequently, the receiving bank can, without risk, enter an irreversible credit into the account of its client, the ultimate beneficiary." Dingle, James F., The Elements of the Global Network for Large-Value Funds Transfers, Bank of Canada, 2001, www.bankofcanada.ca/en/res/wp01-1.htm, S. 20, [12.6.2002]; "Once settlement is effected, the receiving bank can credit the funds to its customers, use them for its own settlement purposes in other settlement systems or use them in exchange for assets immediately without facing the risk of the funds being revoked." Overview of RTGS systems, newrisk.ifci.ch/139020.htm, S. 2, [29.3.2001].

[82] Über das CHIPS System wurden im Jahre 2001 im Durchschnitt täglich US $1,241,858,816,000 tansferiert während es im Jahre 1970 noch US $3,042,308,000 waren, http://www.chips.org/CODE/stats.html, [13.1.2002]. Schätzungen, wie viel Kapital durch alle LVTN pro Tag gehandelt werden belaufen sich auf „US $3-$5 trillion in 1997." Dingle,

> „the primary commercial payment transaction [...] typically prolif-
> erates a substantial number of secondary and tertiary financial
> transactions and payment transfers. Before, during, and after the
> purchase of a commodity, there are exchange market, money mar-
> ket, and derivative market transactions as various players conduct
> their affairs in ways that they view as balancing the tasks of maxi-
> mizing profits and minimizing risks. It is notable that for every
> million dollars in commercial trade transactions [...], there are at
> least *100 times* this dollar amount in additional (largely) financial
> transactions and payments."[83]

Da jede Transaktion mit steigenden Volumina transferierten Kapitals eine größere Anzahl weiterer Transaktionen nach sich zieht, steigen auch die Risiken von Systemstörungen linear mit dem Wert der getätigten Transaktion. Nichtlinear steigt lediglich das Risiko, dass eine der notwendigen Transaktionen nicht durchgeführt werden kann, da sich Kommunikationsprozesse exponentiell erhöhen, worauf ich im weiteren Fortgang detaillierter eingehen werde.

Unterschiede in Gross Settlement Systemen können in zwei Kategorien, die mit unterschiedlichen Risiken koinzidieren, eingeteilt werden. Unterschiedlich ist primär die Art und Weise wie eine Zahlungsabwicklung technisch von Statten geht.[84] Entscheidend ist wann und wie Nachrichten verarbeitet werden. LVTS's sind kategorisierbar in Real Time Gross Settlement Systeme (RTGS) und Multilateral Netting Systeme (MNS). Letztere besitzen

---

James F., The Elements of the Global Network for Large-Value Funds Transfers, Bank of Canada, 2001, www.bankofcanada.ca/en/res/wp01-1.htm, S. 2, [12.6.2002]. Diese Zahlen sind wenig signifikant, da die Einführung von Continuous Linked Settlement „should lead to a reduction in the substantial portion (about one half) of the average value of US$3–$5 trillion per day for largevalue cross-border payments that is accounted for by the bilateral settlements of banks' foreign exchange purchase and sale transactions, for which annual growth rates of 10–20 per cent have been observed in recent years.", aaO. S. 13. Desweiteren können, falls „the number of institutions in a financial system declines (for example, as a result of mergers), [...] be fewer transactions in the interbank payment systems, and more payments that result in a debit to one client's account and a credit to another client's account, both occurring on the books of the same institution.", aaO. S. 15. Eine andere Quelle bewertet den "estimated daily turnover in cross-border payments [...] as high as about US $2000 billion." Hartmann, Wendelin, Mr Hartmann reports on central bank involvement in the design, operation and oversight of payment systems, Conference Speak at the Organisation of Central and Eastern European Clearing Houses, 6-8 October 1999, www.bis.org/review/r991101b.pdf, S. 3, [17.6.2002].

[83] Dingle, James F., aaO., S. 4.

[84] Wie genau die unterschiedlichen Systeme und in den einzelnen Systemen Zahlungen abgewickelt werden, scheint nicht hinreichend geklärt zu sein: „It would be useful if one could assemble the detailed rules and procedures of: (i) those national large-value transfer systems such as CHIPS and FXYCS that handle predominantly cross-border transfers, and (ii) the operation rules and contractual relationships of the various major-cross border arrangements", Dingle, James F., The Elements of the Global Network for Large-Value Funds Transfers, Bank of Canada, 2001, www.bankofcanada.ca/en/res/wp01-1.htm, S. 38, [12.6.2002].

das Charakteristikum, dass die Finalisierung von Zahlungen nicht kontinuierlich, wie in RTGS Systemen stattfindet, sondern jeweils kumuliert am Ende eines Handelstages.[85] MNS Systeme sind deswegen generell als risikoreicher zu klassifizieren, da unausgeglichene Kreditlinien bei Notenbanken oder nicht vorhandenes Kapital, mit dem während des Tages gehandelt – und weiter gehandelt - wurde, aber nicht vorhanden war, die Wahrscheinlichkeit von Systemrisiken erhöhen. Diese Systeme befinden sich jedoch generell auf dem Rückzug, da die G-10 Staaten am Ende des letzten Jahrhunderts weitestgehend auf RTGS Systeme umgestellt haben.[86]

Da jede Transaktion, wie gesehen, weitere Transaktionen nach sich zieht, ist eine kontinuierliche Abwicklung der primären Transaktion als Chimäre robusterer Abwicklung zu bezeichnen. Es mag durchaus sein, dass die ursprüngliche Transaktion sicher abgerechnet wird. Ist dies jedoch für die nachfolgenden Transaktionen nicht der Fall entsteht ein rekursiver „Settlement lag" und der Vorteil kann sich in sein Gegenteil verkehren, da Transaktionen abgeschlossen und weitere Transaktionen, die auf ersterer basieren, undurchführbar sind. Daraus kann die Notwendigkeit entstehen, durchgeführte Transaktionen systemübergreifend rückgängig zu machen. An Stornierungen sind hierbei eine a priori nicht feststellbare Anzahl von Institutionen über mehrere Jurisdiktionen hinweg beteiligt. Außerdem können sich Liquiditätsrisiken erst nach mehreren Tagen realisieren. Die Folge daraus ist ein erhöhtes Risiko für alle Beteiligten, da dadurch die gleichen Phänomene wie in MNS Systemen, jedoch über eine größere Zeitspanne verteilt, auftreten.

Technischen Maßnahmen zur Vermeidung von Liquiditätsrisiken wurde vermehrte Aufmerksamkeit gewidmet, nachdem die Bank Herstatt durch Regulierungsgremien geschlossen wurde und daraufhin ihre Obligationen nicht erfüllen konnte. Dies wurde der Locus classicus eines internationalen Liquditätsrisikos:

> "On 26th June 1974, the firm's banking licence was withdrawn, and it was ordered into liquidation during the banking day; but after the close of the German interbank payments system (3:30 pm local time). Some of Herstatt Bank's counterparties had irrevocably paid Deutschemarks to the bank during the day but before the banking licence was withdrawn. They had done so in good faith, believing they would receive US dollars later in the same day in New York. But it was only 10:30 am in New York when Herstatt's banking

---

[85] European Currency Bank, Existing central payment and settlement services, newrisk.ifci.ch/ 37220.htm, S. 2, [17.6.2002].

[86] Overview of RTGS systems, newrisk.ifci.ch/139020.htm, Table 3, [29.3.2001]; "The development of RTGS systems is one response to the growing awareness of the need for sound risk management in large-value funds transfer systems. RTGS systems can offer a powerful mechanism for limiting settlement and systemic risks in the interbank settlement process, because they can effect final settlement of individual funds transfers on a continuous basis during the processing day.", Bank for International Settlements, Real-Time Gross Settlement Systems, www.bis.org/publ/cpss26.htm, S. 9, [11.4.2002].

business was terminated. Herstatt's New York correspondent bank suspended all outgoing US dollar payments from Herstatt's account, leaving its counterparties fully exposed to the value of the Deutschemarks they had paid the German bank earlier on in the day. This type of settlement risk, in which one party in a foreign exchange trade pays out the currency it sold but does not receive the currency it bought, is sometimes called Herstatt risk."[87] "The recipients lost the full principal value of their deals. The collapse of the Bankhaus Herstatt was reported in the press to have cost its foreign exchange counterparties over US $620 million."[88]

Trotz der Einführung zusätzlicher Sicherheitsmechanismen, die als just-in-time Clearing zu bezeichnen sind, ist eine Wiederholung von Ereignissen vergleichbar mit denen des Bankhauses Herstatt nicht auszuschließen.

„According to the US Congress Office of Technology Assessment (OTA), the most serious problem related to international banking is the increase payment risk on telecommunications networks used for electronic funds transfer. In shared networks, wether operated by central banks or consorita of banks, the failure of one or more participants to settle end-of day deficits resulting from "daylight overdrafts" could result in unacceptable demands on central banks as lenders of last resort, or in a cascade of settlement failures that would precipitate national or even international crisis."[89]

Desweiteren besteht eine Vielzahl an Varianten anderer Risiken. Erstens ist in diesem Kontext an einen generellen (regionalen) Ausfall der Elektrizitäts- oder Informationsinfrastruktur zu denken, was weitere Abwicklung von Transaktionen verhindert. Zweitens können virtuelle Angriffe auf spezifische Clearinginstitutionen durchgeführt werden.[90] Drittens ermöglicht die offengelegte Standardisierung präzise Kenntnisse des Mikroablaufs von Clearingprozessen, was Angriffe erleichtert, und Abwicklung von Transfers wie Angriffe, viertens, auch über das Internet möglich macht. Fünftens können virtuelle Angriffe, die durch Manipulation von Datensätzen ablaufen, erfolgversprechend sein. Dies hätte zur Folge, dass die Zuordnungen, wem welcher Transfers und die daraus entstandenen Kosten, Gewinne oder generell Kapitalumschichtungen zustehen, nicht länger nachvollziehbar wären, und die Handelsabläufe ge-

---

[87] Sources of Risk, Overview: Settlement Risk, http://newrisk.ifci.ch/134710.htm, [17.6.2002].

[88] Dingle, James F., The Elements of the Global Network for Large-Value Funds Transfers, Bank of Canada, 2001, www.bankofcanada.ca/en/res/wp01-1.htm, S. 38, [12.6.2002].

[89] Arnold, H. D., Hukill, J., Kennedy, J., Cameron, A., Targeting Financial Systems as Centers of Gravity: "Low Intensity" to "No Intensity" Conflict, Defense Analysis, Vol. 10, No.2, 1994, S. 189.

[90] Dies können zum Beispiel Denial of Service Angriffe sein die weitreichend erprobt und mit geringem Aufwand durchzuführen sind. Problematisch ist, dass es relative transparent ist, welche Clearinginstitution welche Anbieter von Kommunikationsdienstleistern einsetzt. Damit ergeben sich Rückschlüsse welche physischen Netzwerke in Finanztransfers involviert sind. Vgl. http://www.swift.com/index.cfm?item_id=4589.

samter Tage oder Perioden storniert werden müssten. Sechstens stellt die physische Zerstörung von Leitungen eine effektive Möglichkeit dar, „Financial Centers of Gravity" ausser Betrieb zu setzen.

Gesamtgesellschaftliche Bedeutung von Infrastruktur

Geht man

> „von der Tatsache aus, daß elektronisch vermittelte Information binnen weniger Jahre zu einem entscheidenden Produktionsfaktor der Volkswirtschaft sowie zu einem Steuerungselement für das gesamte öffentliche Leben geworden ist,"[91]

tangieren Veränderungen der letzten zwei Dekaden alle Infrastrukturbereiche technisch und sozial durch Veränderungen, deren Ursprung primär in der Informationsinfrastruktur liegt. Die Gesamtgesellschaftliche Bedeutung guter und robuster Infrastrukturausstattung für das wirtschaftliche Wachstum und den Wohlstand von Volkswirtschaften wird deutlich, wenn man einen Blick

> „auf den mangelhaften Zustand [der Infrastruktur] in den neuen Bundesländern [wirft], der sich als eines der wichtigsten Investitionshemmnisse erwiesen hat."[92]

Kumulativ hat Internationalisierung, wie die

> „Verwirklichung des Europäischen Binnenmarktes [...] unabhängig von der deutschen Vereinigung dazu geführt, daß auch im alten Bundesgebiet die quantitativen und qualitativen Anforderungen an öffentliche Infrastruktureinrichtungen gestiegen sind."[93]

Erhöhte Anforderungen an Infrastruktur führten gleichzeitig zu steigender Abhängigkeit gegenüber derselben. Diese gestiegene Abhängigkeit zieht dabei eine erhöhte Verwundbarkeit nach sich, da

> „the resources that produce power capabilities have become more complex."[94]

Dies wirkt sich unmittelbar auf die Prozesse zur Wertschöpfung, Formen von Zusammenarbeit in Unternehmen und unternehmensinterne Organisation

---

[91] Geiger, Gebhard, in: Geiger, Gebhard (Hrsg.), Sicherheit in der Informationsgesellschaft, Baden-Baden, Nomos, 2000, S. 10.
[92] Bericht der Arbeitsgruppe Private Finanzierung öffentlicher Infrastruktur, Bonn, Bundesministerium der Finanzen, 1991, S. 14.
[93] aaO.
[94] Keohane, Robert O., Nye, Joseph S., Power and Interdependence, New York, Longman, 1989, S. 11. Das Stadium, von dem Keohane und Nye ausgehen, ist durchschritten, da „the rapid growth of transnational communications" zwar „enhanced such sensitivity," aber ein „increase in oil prices" momentan kein ernsthaftes Problem im Vergleich zu einer Degration von Infrastruktur. Die „relative availability and costliness of the alternatives" besteht nicht. Alle Zitate am angegebenen Ort, S. 12.

aus. Um mit rapiden Veränderungen des Marktumfeldes, Regulierung und sozialem Wandel Schritt halten zu können, bauen Unternehmen ihre bürokratisch- und pyramidial-monolithischen Strukturen ab. Damit verändern sich die Arbeitsprozesse selbst:

> „Low-skilled, essentially interchangeable muscle work drove the Second Wave[95]. Mass, factory-style education prepared workers for routine, repetitive labor. By contrast, the Third Wave is accompanied by a growing non-interchangeability of labor as skill requirements skyrocket."[96]

Aber nicht nur wirtschaftliche Veränderungen werden durch das Wechselspiel technologischer Innovation und wirtschaftlicher Adaption hervorgerufen. Soziales Zusammenleben und wirtschaftliches Arbeiten verändern sich ebenfalls durch wechselseitige Durchdringung. Folglich sind technologische Prozesse rekursiv mit sozialen Prozessen verbunden.[97] Um dies zu gewährleisten sind, neben einer Vielzahl anderer Faktoren, funktionsfähige infrastrukturelle Prozesse notwendig. Durch

---

[95] In seinem Buch War and Anti-War argumentiert Alvin Toffler, dass die landwirtschaftliche Revolution die „Erste Welle" einer Transformation menschlicher Gesellschaften war. Die industrielle Revolution löste eine zweite Welle der Transformation aus, die durch eine Dritte Welle, die informationelle Revolution im Ablösen begriffen ist.
„First Wave civilizations, as we've seen, was inescapably attached to the land. Whatever local form it may have taken, whatever language its people spoke, whatever its religion or belief sysem, it was a product of the agricultural revolution. Even today, multitudes live and die in premodern, agrarian societies, scrabbling at the unyielding soil as their ancestors did centuries ago.
Second Wave civilization's origins are in dispute. Some historians trace its roots to the Renaissance, or even earlier. But life did not fundamentally change for large numbers of people until, roughly speaking, three hundred years ago. That was when Newtonian science first arose. It is when the steam engine was first put to economic use and the first factories began to proliferate in Britain, France and Italy. Pesants began moving into the cities. Daring new ideas began to circulate – the idea of progress; the odd doctrine of individual rights; the Rousseauian notion of a social contract; secularism; the separation of church and state; and the novel idea that leaders should be chosen by popular will, not divine right. Driving many of these changes was a new way of creating wealth – factory production. And before long many different elements came together to form a system: mass production, mass consumption, mass education, mass media all linked together and served by specialized institutions – schools, corporations, and political parties. Even family structure changed from the large, agrarian-style household in which several generations lived together to the small, stripped down nuclear family typical of industrial societies. To the people actually experiencing these many changes, life must have seemd chaotic. Yet the changes were, in fact, all closely interrelated. They were merely steps toward the full development of what we came to call modernity – mass-industrial society, the civilization of the Second Wave. This new civilization entered history with a roar in Western Europe, fiercely resisted at every step. aaO. S.18.
[96] Toffler, Alvin, Toffler, Heidi, War and Anti-War, Boston, Little, Brown And Company, 1993, S. 60.
[97] Luhmann würde von einem permanenten Re-entry der sozialen in die technische Sphäre sprechen, die die Aufrechterhaltung der Systeme gewährleistet.

„billions of dollars [...] poured into electronic networks that link computers, data bases, and other information technologies"[98]

wird die Struktur der Gesellschaft zusammenge- und Ordnung aufrecht erhalten. Ohne diese technischen Maßnahmen wäre eine eindeutige Identifizierung von Personen an Grenzen, die Abrechnung von Krankenkassen mit Ärzten sowie Kapitalmarktgeschäfte ebensowenig möglich, wie einfache Telefongespräche. Somit ist Infrastruktur eine der Grundlagen, die informationsbasierte Gesellschaften durch das Ausfransen von inneren und äußeren Grenzen ausdifferenzieren lässt, aber auch neue Arten von Zusammenhalt ermöglicht.[99]

---

[98] aaO. S. 62.

[99] Die Möglichkeit elektronisch Nachrichten zu versenden schafft neue Wege soziale Kohäsion aufrecht zu erhalten. In Zeiten von Emigration und Re-Immigration durch alle gesellschaftlichen Schichten sind nur über informationelle Wege soziale und berufliche Kontakte zu gewährleisten.

Soziale Veränderungen

Soziale Veränderungen, die für die Diskussion von Unsicherheit und Risiko informationsbasierter Gesellschaften relevant ist, sind Veränderungen in der Organisation dieser Gesellschaften wie Privatisierung von Staatseigentum, soziologische Veränderungen und gesellschaftliche Wahrnehmung von Risiko. Ebenso wie

> „the convenient separation between domestic and international affairs is collapsing,"[100]

finden auf nationaler Ebene soziale Umstrukturierungen statt.[101] Technische Systeme gewinnen erst in sozialen Kontexten ihre Bedeutung. Unter demographischen Gesichtspunkten ist festzustellen, dass Gesellschaften einer enormen Alterung unterliegen, die die sozialen Sicherungssysteme vor neue Aufgaben stellt. Ohne adäquate Modifikationen innerhalb der Gesellschaft ist soziale Homogenität hinsichtlich der Konstruktion von Gemeinschaft und Gesellschaft nicht aufrecht zu erhalten:

> „Ausdruck der Gemeinschaft [ist] gemeinsames Eigentum und ein natürlich vorgegebener Konsens, dessen soziale Kraft die Menschen als Glieder eines Ganzen zusammenhält."[102]

Der von Tönnies beschriebene Konsens, der soziale Ordnung gewährleistet, droht durch steigende nationale Ungleichverteilung, veränderte Arbeitsorganisation und -lokation, die die Erhaltung der Eigenständigkeit von Individuen garantieren soll, zu erodieren.[103] Redistribution von Eigentum ist unmittelbar auf neue Arbeitweisen zurückzuführen, die durch die Entwicklung neuer Infrastrukturen erst möglich geworden sind. Eine Folge könnte eine Kompartementalisierung von Gesellschaft in Gemeinschaften sein, die Gesellschaft als

---

[100] Guéhenno, Jean-Marie, The Impact of Globalisation on Strategy, Survival, Vol. 4, No. 4, Winter 1998-99, S. 6.

[101] Soweit nicht gesondert erwähnt beziehen sich sämtliche Betrachtungen auf informationsbasierte Gesellschaften.

[102] Paulus, Andreas L., Die internationale Gemeinschaft im Völkerrecht, München, C.H. Beck, 2001, S. 11.

[103] „Als Momente öffentlicher Debatte werden Risiko- und Krisen-Kommunikation innerhalb regulierter Arenen und mit legalen Mitteln betrieben. Die Medien, das staatliche Rechtssystem, das politische System sowie die Regulative des Marktes spielen dann die entscheidenden Rollen. Die Medien transportieren die Argumente, emotionalisieren und personalisieren die Akteure und gewährleisten das Zustandekommen symbolischer Interaktion. Das staatliche Rechtssytem garantiert den regulierten Austausch von Sanktionen, ritualisiert den Sanktionsabtausch der Kontrahenden und gewährleistet darüber die Formalisierung des Konflikts. Dies wiederum erleichtert die Monetisierung des Konfliktuellen und holt so die vordem auf Dritte umher abgewälzten (Personen-, Sach- oder Umwelt-)Schäden in die legalen Austauschbeziehungen von Gesellschaft zurück." Dombrowsky, Wolf R., Krisen- und Risikokommunikation, Katastrophenforschungsstelle, Christian-Albrechts-Universität zu Kiel, mimeo.

Differenz von Gleichen nicht mehr akzeptieren. Vergesellschaftung, im Sinne eines

> „rational motivierten Interessenausgleich[es] und eine typischer-
> weise auf rationaler Vereinbarung beruhende Interessenverbin-
> dung"[104]

kann als gefährdet gelten. Politische Unterscheidungen können zu ethnischen, religiösen oder schichtenbasierten uminterpretiert werden.[105] Gesellschaftliche Veränderungen, die Nationen entlag der von Toffler beschriebenen Wellen trennen, wirken auch innerhalb informationsbasierter Gesellschaften, da Momente einer

> „growing non-interchangeability of labor as skill requirements sky-
> rocket"[106]

vorhanden sind. Eine solche Entwicklung könnte zur Folge haben, dass die Determinanten, die Gesellschaften ein technisches Fundament bereitstellen gleichzeitig Grundlage der Erosion des sozialen Fundamentes sind. Neben zunehmender Alterung informationsbasierter Gesellschaften treten Massenarbeitslosigkeit und Frühverrentung als Externalisierung von Kosten durch Unternehmen in soziale Sicherungssysteme, die der Automatisierung und globalen Verteilung von Arbeit geschuldet sind, auf. Wohlfahrtsstaaten kontinentaleuropäischer Prägung verändern sich sowohl mit zunehmender Internationalisierung als auch inhärentem Strukturwandel.[107] Ursprünge dieses Wohlfahrtsmodells liegen in der Natur bürokratischer Administration, die es als ihre Aufgabe verstanden hat, alles zu kontrollieren und zu regulieren.[108] Das Ende der Nationalisierung wohlfahrtsstaatlicher Politik wurde in der zweiten Hälfte der siebziger Jahre des letzten Jahrhunderts mit der Privatisierung von Staatseigentum eingeleitet.[109] Neben sozialen Errungenschaften, die Wohlfahrtsstaaten ihren Bürgern brachten, wäre es ohne Infrastruktur unmöglich gewesen

> „to contemplate the task that it had undertaken since the begin-
> ning of the 19th century: to impose its control over every part of

---

[104] aaO., S. 15.

[105] Ist eine Konstruktion entlang anderer als nationalstaatlicher Linien nur in Teilen von ehemals nationalstaatlichen Gesellschaften einmal realisiert, scheint eine Rekonstruktion nahezu unmöglich und Konflikt unvermeidlich. Vgl. Mueller, John, The Banality of 'Ethnic War,' International Security, Vol. 25, No. 1, Summer 2000, S. 42.

[106] Toffler, Alvin, aaO., S. 60.

[107] Wobei anzumerken ist, dass sowohl die Internationalisierung und der Strukturwandel zwei Seiten einer Medaille sind.

[108] Van Creveld, Martin, The Fate of the State, Parameters, Vol. XXVI, No. 1, Spring 1996, S. 7.

[109] Die Privatisierung von Staatseigentum dient als Indikator vielschichtiger Prozesse und Maßnahmen.

society from the highest to the lowest and almost regardless of distance and geographical location."[110]

Ebenso kann die Rolle, die Massenverfügbarkeit von Druckerzeugnissen gespielt hat, nicht überschätzt werden:

"After all, where would any government be without forms?"[111]

Gerade auch Telegrafen- und Eisenbahnverbindungen ermöglichten es Staaten, ihre Bevölkerung zu mobilisieren, zu kontrollieren und administrative Netzwerke über Staatsgebiete und ganze Kontinente auszubreiten. Eine gegensätzliche Entwicklung kann durch informationsbasierte Entwicklungen konstatiert werden:

> "Either [states] try to keep full control of the information coming into their country, and thereby run the risk of being unable to understand the world they live in – as in the case of North Korea – or they accept some degrees of openness, and soon discover that one cannot be half-open in the age of information."[112]

Diese Veränderungen werden jedoch nicht zum Ende staatlicher Gemeinwesen führen, die Souveränität politischer Einheiten wird trotz mannigfaltiger Veränderungen erhalten bleiben. Martin Van Crefeld argumentiert in Bezug auf Veränderung von Souveränitätskonzeptionen, dass

> „the process by which states were created was part cause, part symptom, of the threefold distinction between government, army, and people. Over time it led to war being redefined as the province of the former two to the exclusion of the latter."[113]

Eine Änderung der Art, dass nationalstaatliche Institutionen, denen die Kriegführung obliegt, diese Kompetenz anderen übertragen und deshalb weitere Änderungen der Souveränitätiskonzeption nötig sind, wird nicht stattfinden.[114] Veränderung von Governance, durch informationstechnologische Verände-

---

[110] Van Creveld, aaO., S. 11.

[111] Van Creveld, aaO.

[112] Guéhenno, Jean-Marie, The Impact of Globalisation on Strategy, Survival, Vol. 4, No. 4, Winter 1998-99, S.13. Als Gegenargument könnte die staatliche Kontrolle des Internet in China gelten. Es wird jedoch prognostiziert, dass mit weiterer Integration, vornehmlich in die Weltwirtschaft, diese Kontrolle nicht mehr, oder nur noch teilweise aufrecht zu erhalten sein wird. Ebenso stellen Satellitenempfangsanlagen ernsthafte Probleme für autokratische Regime mit Zensur von Nachrichten dar.

[113] Van Crefeld, Martin, The Transformation of War, New York, Maxwell Macmillan International, 1991, S. 193.

[114] In diesem Kontext ist unter anderem an die „Privatised Military Industry" zu denken. Dass zum Beispiel die Vereinigten Staaten von Amerika diesen Institutionen ihre nationale Sicherheit überlassen ist nicht vorstellbar. Noch unrealistischer sind Planspiele die davon ausgehen, dass ein westlicher Nationalstaat von einer Koalition bestehend aus PMI's in die Knie gezwungen werden kann. Vgl. Singer, P. W., Corporate Warriors: The Rise of the Privatized Military Industry and Its Ramifaications for International Security, International Security, Vol. 26, No. 3, Winter 2001/2002, S. 186.

rungen, transnationale Firmen und Nichtregierungsorganisationen[115] führt zwar dazu, dass das Internationale System

> „no longer be adequately described simply as an interstate arrangement,"[116]

Staaten sich jedoch auf nationaler und internationaler Ebene von Zwängen befreien. Dies liegt darin begründet, dass neue Akteure Pflichten, die vormals Staaten als einzigen Akteur in bestimmten Feldern (zwangsläufig) zugewiesen waren, übernehmen, und andererseits Staaten Handlungsmöglichkeiten durch neue Institutionen finden. Desweiteren bestehen Wege, Pflichten auf Dritte abzuwälzen. Prominentes Beispiel ist die Privatisierung der Commanding Heights[117], was zu einer Entpolitisierung von Bereichen, die nur Sand in das Getriebe des politischen Prozesses brachten, führte.[118]

Entpolitisierung kann als Regierungsstrategie begriffen werden, die den politischen Charakter spezifischer Entscheidungen externalisiert und damit das Politische dieser Entscheidung dekonstruiert. Damit kann Versagen, aber auch Erfolg, nicht mehr dem politischen System zugeschrieben werden.[119] Durch Verminderung von Sand im Uhrwerk nationaler politischer Prozesse entstehen neue Freiräume. Kollektive Handlungsprobleme auf internationaler Ebene werden immer dann einer Lösung zugeführt werden, wenn sie natio-

---

[115] Diese Aufzählung beansprucht keine Vollständigkeit.

[116] Guèhenno, Jean-Marie, The Impact of Globalisation on Strategy, Survival, Vol. 4, No. 4, Winter 1998-99, S. 7.

[117] Yergin, Daniel, Stanislaw, Joseph, The Commanding Heights, New York, Simon & Schuster, 1998, S. 27; "But there were those in [government] who believed that the "market" was more an idyll of the past than an accurate description of how the current economy functioned. To them, the economy was like the question that Lenin had expressed – Kto kvo? – Who could do what to whom? That is, they saw the economy "as organized by relations of power, status rivalry and emulation." Government intervention was required to bring some greater balance to the struggles for power between strong corporations and strong unions that would drive the wage-price spiral upward."

[118] Burnham, Peter, New Labour and the politics of depoliticisation, British Journal of Politics and International Relations, Vol. 3, No. 2, June 2001, S. 127. Entpolitisierung kann auch durch Verlagerung von Entscheidungen an Verfassungsgerichte oder Kommissionen erreicht werden. Diese sind nicht mehr unmittelbarer Teil des politischen Systems und bauen damit eigenen Komplexität und Strukturen auf, die dem „ursprünglichen" System nicht mehr zugerechnet werden können, da Andere oder auf anderer Grundlage entschieden wird. Privatisierung selbst kann ebenso als Entpolitisierung der Daseinsvorsorge gewertet werden. Nachdem die materiellen Resourcen in Form von Infrastruktur privatisert worden sind, können als nächster Schritt immaterielle Ansprüche auf staatliche Leistungen entpolitisiert werden.

[119] Dies ist eine Veränderung der von Hirschman beschriebenen Strategie des Exit und Voice: „In examining the nature and strength of these endogenous forces of recovery, our inquiry bifurcates, as already explained. Its breakup into the two contrasting, though not mutually exclusive, categories of exit and voice would be suspiciously neat if it did not faithfully reflect a more fundamental schism: that between economics and politics. Exit belongs to the former real, voice to the latter." Hirschmann, Albert, Exit, Voice, And Loyalty, Stanford, Harvard University Press, 1970, S. 15.

nale oder internationale politische Organisationen bedrohen. Ebenso können Zusammenschlüsse wie die Europäische Union, die Shanghai Five oder die Free Trade Association of the Americas Antworten auf Druck verschiedener Ebenen auf politische Systeme sein.[120] Zu dieser Entwicklung kam es, als lokal begrenzte Wirtschaftsräume zu Beginn der Industrialisierung aufgebrochen wurden, da ein profitabler Einsatz neuer Technologien nur in nationalen Märkten möglich war. Informationsbasierte Technologien bedürfen größerer Wirtschaftsräume für selbigen Zweck, was eine Verbreitung über Regionen nach sich zieht. Auf Grund dessen sind

> „advanced, industrial [...] nations [...] in the midst of the process of breaking down all kinds of boundaries among themselves."[121]

Letztendlich hat sich jedoch die Frage nach „majesty, rule and tutelage"[122] nicht verändert. Normen mit Zwangscharakter werden nach wie vor durch politische Prozesse entwickelt, erlassen und durchgesetzt. Insofern ist die Frage Lenins „Kto kvo?" - Who could do what to whom?[123] - zugunsten derjenigen Organe zu beantworten, die letztgültig die Rahmenbedingungen für andere Akteure normativ festlegen und durchsetzen können.[124] Erfahrungen mit zwangsbewehrten Normen mussten unter anderem auch die Gebrüder Perrier machen, als der französische Staat deren Unternehmen verstaatlichte.[125] Nationalisierung wurde durchgeführt, da die Akteure unter Leitung von Privatfirmen, so die Argumentation,

---

[120] Eine ähnliche Argumentation ist zu finden bei Hardt, Michael, Negri, Antonio, Empire, Cambridge, Harvard University Press, 2000, S. 2.

[121] Merry, Uri, Coping with Uncertainty, Westport, Praeger, 1995, S. 104.

[122] Onuf, Nicholas G., The Republican Legacy in International Thought, Cambridge, Cambridge University Press, 1998, S. 123.

[123] Yergin, Daniel, Stanislaw, Joseph, The Commanding Heights, New York, Simon & Schuster, 1998, S. 27.

[124] Solange ein kollektives Handlungsproblem besteht wird "Capital [...] go where it is wanted and stay where it is well treated. It will flee from manipulation in onerous regulation of its value or use, and no government power can restrain it for long." Wriston, Walter B., The Twilight of Sovereignty, Charles Scribner's Sons, New York 1992, S. 61. Allerdings muss selbst Kapital bestimmte Rahmenbedingungen beachten. Voraussetzungen Kapital in ein anderes Land zu transferieren sind bestehende Eigentumsrechte, Infrastruktur und hochausgebildete Individuen in beiden, dem Ursprungs- und dem Zielland. Diese drei grundlegenden Bedingungen werden von Nationalstaaten auf die eine oder andere Art und Weise kontrolliert und geschaffen. Somit bedarf Kapital des Nationalstaates. „This is indeed the single most important reason why British market capitalism was eventually superseeded not by the German but by the US variant of corporate capitalism. No matter how centralized and "organized" German capital became, it could not compensate for the much greater external economies that British capital enjoyed by virtue of the extent and variety of the territorial domains encompassed by Britain's formal and informal empire." Vgl. Arrighi, Giovanni, The Long Twentieth Century, London, Verso, 1994, S. 291. Folglich benötigt Kapital nicht nur einen Markt in dem es eingesetzt werden kann, sondern ebenso eine spezifische nationalstaatliche Struktur.

[125] „Der erste Franchising-Kontrakt ist ein Vertrag von 1782, der den Gebrüdern Perier für einen Zeitraum von 15 Jahren das exklusive Recht übertrug, die Stadt Paris mit Wasser zu

„had underinvested, been inefficient, and lacked scale. As nation-
alized firms, they would mobilize resources and adapt new technologies, they would be far more efficient, and they would ensure
the achievment of the national objectives of economic development and growht, full employment, and justice and equality."[126]

Seit den siebziger Jahren des letzten Jahrhunderts findet weltweit ein gegen-
läufiger Prozess statt. Staatliches Eigentum jeglicher Couleur wird wieder in
private Hände überführt. Paradoxerweise sind die Gründe, die einstmals als
Ratio für eine Verstaatlichung angeführt wurden dieselben, die später für eine
Privatisierung angeführt worden sind. Trotz der potentiellen Möglichkeit pri-
vatisierte Unternehmen wieder zu verstaatlichen ist zunächst ein Verlust an
Einfluss auf die Entwicklung in den Unternehmen zu konstatieren. Dies wirkt
sich auf ein breites Spektrum gesellschaftlicher Bereiche aus und kann den
Status, den die Politik von Seiten der Bevölkerung zugewiesen bekommt, un-
terminieren. Dies ist denkbar, da zentrale Anliegen, die an die Politik heran-
getragen werden, auch durch diese einstmals in staatlichem Besitz befindli-
chen Betriebe erfüllt worden sind. Das Spektrum, das nicht mehr unter di-
rektem politischen Einfluss steht, reicht von Krankenkassen zur Daseinsvorsorge bis zur Versorgung mit Wasser und Strom. Privatisierung, so die These,
die es im weiteren Verlauf dieser Arbeit zu untersuchen gilt, mag zwar Kos-
tenvorteile zeitigen, ist aus einer politischen Perspektive unter Einbeziehung
von Sicherheitsaspekten oftmals negativ zu bewerten.

Privatisierung von Staatseigentum

Eines der politisch am kontroversesten diskutierten Themen in den siebziger
und achtziger Jahren des letzten Jahrhunderts war die Privatisierung von
Staatseigentum. Unter Privatisierung versteht man eine Verlagerung bestimmter, bisher unter staatlicher Aufsicht stehender Aktivitäten in den privaten Sektor einer Volkswirtschaft. Primäres Ziel eines solchen Vorgehens ist
es, die Allokation von Ressourcen durch den Markt vornehmen zu lassen.[127]
Die Desintegration der Sowjetunion beschleunigte diesen Prozess erheblich.[128]
Wo die Grenze

---

versorgen. Das Perier-Unternehmen wurde zwar später verstaatlicht, aber viele andere große französische Städte wurden Mitte des 19. Jahrhunderts durch private Unternehmen ver-
sorgt. Obwohl dann zwischenzeitlich viele Kommunen den Betrieb ihrer Anlagen wieder in
eigenee Regie übernahmen, begann spätestens ab 1950 wieder eine Privatisierungswelle in
der Wasserversorgung." Scheele, Ulrich, Privatisierung von Infrastruktur, Köln, Bund-
Verlag, 1993, S. 215.
[126] Yergin, Daniel, Stanislaw, Joseph, The Commanding Heights, New York, Simon &
Schuster, 1998, S. 25. Der Begriff des nationalen Ziels ist ebenso undefinierbar wie der des
nationalen Interesses. Vgl. Fn. 134.
[127] Vgl. Scheele, Ulrich, Privatisierung von Infrastruktur, Köln, Bund-Verlag, 1993, S. 39.
[128] Yet by the 1990s, it was government that was retreating. Communism has not only
failed, it had all but dissappeared in what had been the Soviet Union and, at least as an eco-

„between state and market is to be drawn has never been a matter that could be settled, once and for all, at some grand peace conference. Instead, it has been the subject, over the course of this century, of massiv intellectual and political battles as well as constant skirmishes. In its entirety, the struggle constitutes one of the great defining dramas of the twentieth century. Today the clash is so far-reaching and so encompassing that it is remaking our world – and preparing the canvas for the twenty-first century."[129]

Eine Erklärung dafür, warum nahezu alle Bereiche staatlicher Daseinsvorsorge und Leistungserbringung privatisiert worden sind ist, dass

„traditional ideas were exhausted. One of the real driving forces for privatization [...] was the consensus among bureaucrats that they did not know how to determine anything anymore. Planing, nationalization, and so on – it all had failed."[130]

Dieser als Trial-and-Error zu beschreibende Ansatz, ist mit so weitreichenden Konsequenzen für eine Gesellschaft verbunden, dass es nicht hinreichend ist, mit einem Fehlen anderer Konzepte so umfassende Maßnahmen zu rechtfertigen.[131] Auch unter fiskalischen Gesichtspunkten ist Privatisierung zwangslogisch nicht zu begründen.[132] Öffentliche Schuldner können zu weit besseren Konditionen Kredite am Markt aufnehmen als Privatunternehmen. Infrastrukturinvestitionen werden über Gebühren finanziert und gewährleisten einen permanenten Mittelzufluss in öffentliche Haushalte. Private Investitionen führen fiskalisch zunächst zu Einnahmeausfällen öffentlicher Haushalte, da die Steuerlast der Unternehmen im Gegensatz zu konstant zu erzielenden Gebühren sinkt. Neben der Aufgabe eines öffentlichen Kapitalstockes, der eine Einflussnahme auf gesamtgesellschaftliche Belange durch Mitbestimmung gewährleistete, wurden die Einnahmen der öffentlichen Haushalte verringert, was eine weitere Einschränkung der Handlungsspielräume mit sich bringt.

Neue Eigentümerstrukturen ehemals unter staatlicher Regie betriebener Unternehmen veränderten auch die Rollenverteilung innerhalb der Unternehmen. Vormalige Monopolisten, die der Marktlogik[133] entzogen waren,

---

nomic system, had been put aside in China. Yergin, Daniel, Stanislaw, Joseph, The Commanding Heights, New York, Simon & Schuster, 1998, S.12.

[129] Yergin, Daniel, Stanislaw, Joseph, The Commanding Heights, New York, Simon & Schuster, 1998, S. 11.

[130] Yergin, Daniel, Stanislaw, Joseph, aaO., S. 116.

[131] Eine Folge der Privatisierung war die sogenannte „Bubble Economy" der neunziger Jahre des letzten Jahrhunderts. Durch die Veräußerung der zuvor sanierten Staatsbetriebe wurde ein Kapitalstock in neue Hände übergeben, der zu einem Übermaß (irrational exuberance; Alan Greenspan) an ökonomischer Entwicklung führte.

[132] Obwohl dies als Begründung angeführt wird. „Die Begründung für eine Privatisierung von Unternehmen sind in der Regel sowohl ökonomischer als auch politischer Art: Erhöhung der ökonomischen Effizienz; Erzielung staatlicher Einnahmen bzw. Reduzierung der staatlichen Verschuldung;" Scheele, Ulrich, aaO., S. 39.

[133] Der öknomische Begriff der Marktlogik ist analog zu dem politischen Begriffs des Interesses nicht fassbar: „Scholars who try to clarify the conflicting demands made in the name

müssen analog zur Restrukturierung der bereits am Markt operierenden Unternehmen, durch die Privatisierung ihre Arbeitsweise neu organisieren.[134] Diese Transformation von staatlichen zu privaten Unternehmen ändert somit grundlegende strukturelle Gegebenheiten innerhalb eines Unternehmens. In den zuvor auf Marktseite monopolistisch agierenden Unternehmen mit homogener Eigentümerstruktur, oligopolistisch aus Bundesstaat, Gliedstaaten und Kommunen[135] zusammengesetzt, kontrollierten die Eigentümer auch den Betrieb der Anlagen. Durch die Privatisierung änderten sich alle drei angesprochenen Determinanten. Das Monopol auf Anbieterseite wurde in ein Oligopol überführt. Eigentümerstrukturen wurden, wenn Privatisierung über den Aktienmarkt abgewickelt wurde, heterogenisiert. Die neuen Eigentümer erhielten keine Kontrolle auf die Geschäftsführung in den Unternehmen. Diese wurde Managern übertragen.[136] Unternehmensinterne Oligopole staatlicher Ebenen entwickelten sich durch die Privatisierung zur Ausübung von Entscheidungen durch Nichteigentümer. Diese sind betriebswirtschaftlichen Handlungsweisen unterworfen und haben einen verringerten Spielraum gesamtsystemisch zu agieren, was zu suboptimaler Gewährleistung von Sicherheit führt. Nachgelagerte Regulierung ermöglicht(e) zwar weiterhin einen gewissen Grad an Steuerung von Prozessveränderung durch die Politik, findet jedoch, unter anderem in der Garantie von Eigentumsrechten die mit Verfassungsrang ausgestattet sind, ihre Grenzen.[137] Desweiteren ist ein größerer Ko-

---

of the national interest clearly defy a substantative definition of its content." Kratochwil, Friedrich V., On the notion of „interest" in international relations, International Organisation, Vol. 36, No. 1, Winter 1982, S. 1. Kritisch auch Scheele: „Das staatliche Angebotsmonopol in vielen Infrastrukturbereichen wird mit spezifischen Merkmalen von Infrastruktur begründet, wie Infrastruktur als öffentliches Gut, natürlicher Monopolcharakter oder die Existenz externer Effekte. Diese Merkmale führen – so die traditionelle ökonomische Begründung – in der Regel zu einem klassischen Marktversagen und machen ein privates Leistungsangebot entweder grundsätzlich unmöglich oder führen zu ineffizienten Ergebnissen." Scheele, Ulrich, Privatisierung von Infrastruktur, Köln, Bund-Verlag, 1993, S. 17.

[134] Wobei dies unter Gesichtspunkten des „Lock-in" auch Vorteile bringt. Da die ehemals staatlichen Unternehmen nicht von Anfang an die informationstechnische Revolution nachvollziehen mussten hatten sie eine bessere Möglichkeit der Wahl. Ob diese genutzt wurde ist eine andere Frage.

[135] Diese Zusammensetzung ist als Idealtyp zu begreifen und variiert sowohl von Staat zu Staat als auch von Sektor zu Sektor innerhalb von Staaten.

[136] Die Entziehung der Kontrolle ist nur bei einem breiten Streubesitz an Aktien vorhanden, der aber, wie bei der Deutschen Telekom AG, Eon AG und der Deutschen Post AG die Regel darstellt. Ob allerdings „in a state owned company, you are a state official, not an entrepreneur. In a state-owned company, you are not accountable" zutrifft, darf bezweifelt werden. Plausibler ist die Annahme das sich die Struktur der Verantwortung nicht verändert hat. Yergin, Daniel, Stanislaw, Joseph, aaO., S. 137. Dies ist in der Literatur als Principal-Agent Problem bekannt.

[137] Es ist davon auszugehen, dass Institutionen, deren Aufgabengebiet nachgelagerte Regulierung ist, fortbestehen bis neue Restrukturierungen die Eigentümerstruktur wieder mit einem größeren Staatsanteil versehen werden. Wer allerdings bis zu diesem Zeitpunkt Verantwortung für Ausfälle etc. zu tragen hat, kann nicht beantwortet werden. Im Zweifel

ordinationsaufwand nötig, da nicht länger innerhalb einer Sphäre, sondern mindestens in zwei, mit unterschiedlichen Leitdifferenzen ausgestatteten Funktionssysteme, vermittelt durch Regulierungsinstitutionen, Probleme bearbeitet werden. Folge daraus sind verringerte Handlungsspielräume aller Beteiligten bei einem gleichzeitigem Anstieg der Anzahl beteiligter Akteure und Regelungen sowie technologisch rapiden Innovationszyklen.[138] Eine Änderung mangelnder Robustheit und Sicherheit von Anlagen ist nicht zu erwarten, da die Grundkonstanten durch Privatisierung in Verbinung mit Digitalisierung und Vernetzung gesetzt sind. Staatliche Unternehmen waren darauf ausgelegt, eine Versorgung der gesamten Bevölkerung zu moderaten Preisen zu gewährleisten. Ohne die Einbeziehung von ökonomischen Gegebenheiten hatte jeder Bürger, unabhängig von Dislokation des nächsten Infrastrukturknotenpunktes, Anspruch auf kostengünstige Bereitstellung von Leistungen. Private Unternehmen können und müssen jedoch ihre Leistungen unter Einbeziehung ökonomischer Gesichtspunkte anbieten. Aus diesem Umstand resultieren höhere Kosten für die Endverbraucher bei gleichzeitiger Vrschlechterung von Sicherheitsaspekten. Desweiteren spielten in Unternehmen, die unter staatlicher Leitung standen, Überlegungen bezüglich Robustheit und Sicherheit der Anlagen eine nicht unbedeutende Rolle. Diese Aufgaben wurden gewährleistet durch Planung, Monopolstellung der Anbieter und Regulierung. Investitionsentscheidungen

> „were subject to interference, political criteria, and endless second-guessing rather than to economic realities and opportunities."[139]

Auch diese These besserer Allokation durch oligopolistisch agierende Akteure im Gegensatz zu einem Monopolisten muss für Teile der Infrastruktur verneint werden. Erweitert man die bereits eingeführte Differenz zwischen punktuellen und netzbasierten Infrastrukturen um den Topos unterschiedli-

---

wird, so die bereits proklamierte These, das politische System als „last resort" Verantwortung, Kosten und Risiken zu tragen haben. Dies ist, betrachtet man die technische und normative Konzeption, allerdings zweckgemäß, da die Notenbanken nach wie vor dem politischen System unterstehen und erstere das Marktumfeld steuern. Etwaige Unabhängigkeiten, wie die der Deutschen Bundesbank, können argumentativ nicht in die Diskussion eingeführt werden, da lediglich die Geldmengensteuerung und daran anschließende Regelungsmechanismen und Instrumente dem politischen System entzogen sind. RTGS Systeme sind logisch und sachlich von Geldmengensteuerung zu trennen und damit politisch regulierbar. Der These, dass der rein quantitative Anstieg an Transaktionsvolumina den Notenbanken die Hände fesselt, da sie mit ihren „begrenzten" Finanzmitteln nicht länger gegensteuern können, trifft zwar zu. Allerdings liegt dieser These die falsche Frage zu Grunde. Die richtige Frage wäre, ob die Notenbanken in einer zentralen Position bezüglich der Abwicklung von Transaktionen stehen.

[138] "Decentralize or die?" oder "Decentralize and die?" Morton, Oliver, Divided We Stand, Wired, December 2001, S. 152. "When war comes home, so must war strategy. Lesson one: Disperse vulnerabilities – which means breaking up everything from the energy industry to air travel to, yes, operating systems."

[139] Yergin, Daniel, Stanislaw, Joseph, aaO. S. 135.

cher Kostenstrukturen so zeigt sich, dass netzgebundene Infrastrukturen das Merkmal sogenannter natürlicher Monopole aufweisen:

> „Diese Sektoren sind durch spezifische Kostenstrukturen geprägt, die dazu führen, daß *ein* Anbieter den Markt jeweils kostengünstiger versorgen kann als jede größere Zahl von Unternehmen. Ursachen sind hier vor allem die aufgrund der technischen Merkmale der Infrastruktur auftretenden economies of scale, die im relevanten Nachfragebereich zu kontinuierlich fallenden Grenz- und Durchschnittskosten führen."[140]

Eine direkte Folge der Privatisierung war der Parallelaufbau netzgebundener Infrastrukturen wie zum Beispiel der Mobilfunknetze. Jede Telefongesellschaft errichtete eigene Sende- und Vermittlungsanlagen, die Mehrfachinvestitionen in gleiche Anlagen verursachten. Aus marktwirtschaftlicher Perspektive ist dies nicht nachvollziehbar, da ein singulärer Aufbau der Infrastruktur unter nahezu jedem Gesichtspunkt vorteilhafter gewesen wäre.[141] Ein Vorteil mehrfachen Aufbaues kann allerdings identifiziert werden. Fällt das Netz eines Betreibers aus, stehen weitere Netze zur Verfügung. Allerdings muss auch dieser Vorteil wiederum eingeschränkt werden, da durch den Einsatz identischer Komponenten aller Betreiber implementierte oder kaskadierende Fehler die Vorteile der Redundanz zu nichte machen kann. Folglich ist durch enorme Investitionen eine unter Umständen und unintendiert redundantere Infrastruktur entstanden.

Die Privatisierung, welche unter immensem Kostenaufwand der öffentlichen Hand durchgeführt wurde, da zunächst staatliche Unternehmen saniert werden mussten, um privatisiert werden zu können, führte zudem nicht immer zur Deregulierung der Märkte. Staatliche Regulierer überwachen seitdem mit hohem Personalaufwand die neuen Unternehmen, ohne auf der Einnahmeseite Rückflüsse verzeichnen zu können.[142]

Zusammenfassend änderte die Privatisierung die Logik der Betriebsführung von Unternehmen, da die Leitdifferenz, nach der in privatisierten Unternehmen gewirtschaftet wird, differiert. Die in private Hände überführten Unternehmen arbeiten auf Grund von Effektivitäts- und Effizienzgesichtspunkten, die eine generelle Bereitstellung und Ausrichtung an Sicherheitsgesichts-

---

[140] Scheele, Ulrich, Privatisierung von Infrastruktur, Köln, Bund-Verlag, 1993, S.30. Hervorhebung nicht im Original.

[141] Gleiche Kosten durch Parallelaufbau wird Ursache für identische Preisstruktur in allen ehemalig monopolisitisch verwalteten Sektoren, die privatisiert wurden, sein.

[142] Die Privatisierung der Water Authorities in England führte zu einer nachgelagerten Regulierung mit 8500 Beschäftigten, denen ein Haushaltsbudget von £ 500 Millionen im Jahre 1984 zugewiesen war. Scheele, Ulrich, aaO., S. 212. Auch die Einnahmen der UMTS Versteigerung in Deutschland können nur teilweise als Einnahmen durch Privatisierung von Telekommunikationsanbietern verbucht werden, da zunächst, oder eher dauerhaft, keine Rückflüsse für die Unternehmen entstehen.

punkten verhindert.[143] Folge des Rückzugs von staatlicher Seite sind gestiegene Preise für Leistungen, verminderte Investitionen in Infrastrukturen um höhere Gewinne zu erzielen und Verlagerung politischer Verantwortung in Unternehmen. All diese Faktoren wirken sich für die Bevölkerung negativ aus. Steigende Kosten für die Bereitstellung privatisierter Versorgung machen größere Beträge, für gleiche oder sogar geringere Leistungen des zur Verfügung stehenden Einkommens nötig, was eine Verringerung der Gestaltungsmöglichkeiten durch das eigene Einkommen nach sich zieht. Kumulativ sind durch die skizzierten Entwicklungen neue Gefährdungen entstanden:

> "Likewise, the apparently less lethal world of information security offers the potential for business growth, where menacing but intangible risks can also provoke lucrative fears and insecurities. *In a world where the rich are time-poor and the poor are time-rich, protracted conflict could undergo significant change.* With technical and costs barriers down, asymmetry is no longer the preserve of desperate or reckless terrorists or insurgents seeking self determination. Instead, with the level playing field of comparative symmetry perhaps gone for the foreseable future, more risks will be taken [...]."[144]

Diese Entwicklungen begannen bereits mit der Einführung des Buchdrucks und sind neben rein technisch-maschinellen Ursachen soziologischen Veränderungen geschuldet.

Buchdruck und Information als Faktor der Ausdifferenzierung

Mit Erfindung des Buchdruckes durch Johannes Gutenberg 1455 war ein Meilenstein zur freieren Verbreitung von Information gelegt.[145] Dies beein-

---

[143] "The EPS is being restructured to a market-based environment. It is likely that centralized planning and coordination, as practiced by utilities in a regulated environment, will change. To remain competitive in the future, utilities need to control costs, so they may need to operate with lower safety margins. Traditional safety margins, such as higher generation and transmission reserve capacities, typically built into electric systems in a regulated environment, may not be as large after restructuring. Consequently, alternative safety margins may be needed to prevent an increase in the vulnerability of the electric grid or a decrease in its ability to respond to, and recover from, threats." Preliminary Research and Development Roadmap for Protecting and Assuring Critical National Infrastructures, Preliminary Research and Development Roadmap for Protecting and Assuring the Energy Infrastructure, Transition Office of the President's Commission on Critical Infrastructure Protection and the Critical Infrastructure Assurance Office, Washington, D.C., July 1998, http://www.ciao.gov/, S. 32, [16.12.2001].

[144] Campen, Alan D., Dearth, Douglas H., Cyberwar 3.0: Human Factors in Information Operations and Future Conflict, Fairfax, AFCEA International Press, 2000, S. 61. Hervorhebung nicht im Original.

[145] Rothkopf bezeichnet den Buchdruck als erste Informationsrevolution. „Communism as a reaction to the capitalism of the Industrial Revolution is one such example, religious extremism as a reaction against the Enlightenment resulting from the first Information Revolution (in the time of Gutenberg) is another. Rothkopf, David J., Cyberpolitik: The

trächtigte die Kirche, die durch Reproduktion von Büchern in Klöstern ein Monopol zur Verbreitung und Zensur von Schriften inne hatte. Mit der Verschiebung kirchlicher zu weltlicher Macht, die die Buchpresse nach sich zog, und unter anderem als Katalysator für die Renaissance diente, ermächtigte das gedruckte Wort politischen Gremien, Meinungen und Wissen in bisher ungekannter Weise zu artikulieren, zu verbreiten und zu zensieren. Die Folge dieser freieren Verfügbarkeit von Druckerzeugnissen war ein Aufblühen der Wissenschaft und eine Steigerung der staatlichen Macht gegenüber der Kirche. Nach dem die Kirche ihr Monopol verloren hatte, wurde die Zensur von Druckerzeugnissen von Landesherren ausgeübt. Diese politische Kontrolle von Informationen zog wiederum neue integrative Effekte auf politischer E-bene nach sich. Aber

> „the other side of this notion is that, as beneficial as information is, the lack of it may have equally serious negative consequences for state power."[146]

Ein weiterer Verlust an Steuerungsmöglichkeit ist der Informationsrevolution geschuldet. Die inzwischen nahezu grenzenlose Informationsmöglichkeit und Publizierbarkeit von Meinungen, unter anderem durch das Internet, verschiebt das Informationsmonopol öffentlicher Institutionen zugunsten von Individuen und Gruppen, die vormals auf Druckerzeugnisse angewiesen waren.[147] Neben Informationsmöglichkeiten durch Publikation in digitalen Medien können dabei neue Formen der Vergemeinschaftung nicht nur soziale Kohärenz aufrecht erhalten. Es können vielmehr auch neue soziale Netzwerke entstehen, die bisherige Vergesellschaftungsformen ablösen.[148] Eine derartige Etablierung überregionaler soziale Netzwerke war vor der Einführung global-digitaler

---

Changing Nature of Power in the Information Age, Journal of International Affairs, Vol. 51, No. 2, Spring 1998, S. 341.

[146] Arquilla, John, Ronfeld, David, Information, Power, and Grand Strategy: In Athena's Camp Section 2, in: Arquilla, John, Ronfeld, David (ed.), In Athena's Camp, Preparing for Conflict in the Information Age, Santa Monica, Rand 1997, S. 421.

[147] Sowohl Nichtregierungsorganisationen, Grass-root Bewegungen und Individuen machen von den gestiegenen Möglichkeiten des Internet gebrauch und können eine Gegenöffentlichkeit schaffen. Vgl. http://indymedia.org, http://www.amnesty.org, http://english. peopledaily.com.cn/home.shtml,
Pimienta, Daniel, A Provocative Grassroot View of the Role of International Organizations in the Field of Information Technologies and Recommendations for a drastical Change. http://www.idrc.ca/lacro/docs/conferencias/pan3.html, [29.4.2002]; Die adäquatesten Informationen über Truppenbewegungen innerhalb des Westjordanlandes während der israelischen Offensive im April 2002 war nur unter http://jerusalem.indymedia.org zu erhalten, da sämtlichen andere Nachrichtenkanäle diese nicht veröffentlichten. Diese Art von Informationsmöglichkeit ist bisher einmalig. Es fanden zwar Versuche statt, diese Informationsmöglichkeit auszuschalten. Länger als 24 Stunden war diese Quelle nicht zum Versiegen zu bringen.

[148] Die Bewegungen die unter dem Topos Globalisierungsgegner zusammengefasst werden organisieren ihre Demonstrationen und Aktionen vornehmlich über News-Groups und Mailingslisten.

Kommunikation nicht möglich. Der Vorteil heutiger Kommunikationsmedien liegt somit in größerer Unmittelbarkeit und Erreichbarkeit, was den Zugang zu Kommunikation und Information wesentlich erleichtert.[149]

Beide Entwicklungen verringern autoritative Entscheidungsmöglichkeiten, da ein Mehr an Information ein Mehr an strukturellen Kopplungen benötigt und somit eine höhere Organisationskomplexität bei Zunahme von Akteuren erfordert.[150] Einzelne Organisationen können die notwendige Komplexität nur bedingt adaptieren und müssen gewisse Aspekte aussen vor lassen. Daraus ergeben sich größere Reibungsverluste und administrativer Aufwand bei sinkender Möglichkeit, Einfluss auszuüben. Von der anderen Seite aus betrachtet ermöglicht vereinfachte Kommunikation bisher nicht oder nur rudimentär vorhandenen Organisationen und Individuen, Vergesellschaftungsprozesse zu initiieren und aufrecht zu erhalten. Dies könnte über einen längeren Zeitraum betrachtet, ähnliche Effekte zeitigen, wie der Verlust des Monopolstatus der Kirche über Druckerzeugnisse und damit Machtressourcen. Erste Tendenzen sind in der Organisationform globaler Protestbewegungen sichtbar. Kumulativ bedarf die Dichotomie von Macht und Geld, die die Sektoren Politik und Wirtschaft wechselseitig konstituiert, der Erweiterung um Information, die nicht exklusiv in einem Funktionsbereich einer Gesellschaft verortet werden kann, sondern Grundelement sozialen Zusammenlebens durch Kommunikation ist.

Erweiterung der Dichotomie von Geld und Macht durch Information

Macht und Geld, jeweils nicht in das andere Medium konvertierbar, müssen um den Topos der Information erweitert werden, da Information sowohl in Macht als auch Geld konvertierbar ist. In der Literatur wird seit Aron in diesem Kontext ein

„different degree of fungibility of money and power ressources"[151]

---

[149] "Fifteen years ago, few predicted the profound impact of the revolution in information technology. Looking ahead another 15 years, the world will encounter more quantum leaps in information technology (IT) and in other areas of science and technology. The continuing diffusion of information technology and new applications of biotechnology will be at the crest of the wave. IT will be the major building block for international commerce and for empowering nonstate actors." Global Trends 2015: A Dialogue About the Future With Nongovernment Experts, National Intelligence Council, www.cia.gov/cia/publications/globaltrends2015, 2000, [23.2.2002].

[150] "Thanks to the explosion of the Internet and computer-assisted approaches such as fax-casting and Email, it is now possible for individuals or very small groups of people to form the kind of networks once enjoyed only by political parties or large organizations such as labor unions." Rothkopf, David J., Cyberpolitik: The Changing Nature of Power in the Information Age, Journal of International Affairs, Vol. 51, No. 2, Spring 1998, S. 359.

[151] Guzzini, Stefano, The enduring dilemmas of realism in International Relations, http://www.copri.dk/publications/WP/WP%202001/43-2001.pdf, S. 8, [6.5.2002].

proklamiert. Der Begriff Fungibilität

> "refers to the idea of a moveable good that can be freely substi-
> tuted by another of the same class. Fungible goods are those uni-
> versally applicable or convertible in contrast to those who retain
> value only in a specific context."[152]

Information ist dabei die Schnittstelle. Dieses an sich alte Verhältnis von Information gegenüber Macht und Geld positioniert erstere mehr und mehr als
Transformator zwischen vormals weniger fungiblen Medien.[153] Zunahme des
Informationsflusses und –bedarfs erzwingt restrukturierte Abläufe, die wiederum sämtlich mittels Information gesteuert werden. Informationen bezüglich eines bevorstehenden Krieges z.b. werden sowohl in politische als auch
wirtschaftliche Maßnahmen inkorporiert. Auf den Weltfinanzmärkten steigt
durch die gleiche Information der Preis für Rohöl, der Regierungen auf dip-
lomatischer Ebene intervenieren lässt. Information als

> „difference which makes a difference"[154]

hat qualitativ durch Unmittelbarkeit und Unkontrollierbarkeit egalitäre Züge
angenommen und ist für informationsbasierte Gesellschaften universal verfügbar. Es sind kaum noch (nationalstaatliche) Grenzen denkbar, die eine
permanent-asymmetrische Informationslage zugunsten spezifischer Akteure
ausnutzen lassen. Exemplarisch kann auf Überwachungssatelliten verwiesen
werden. Vormals militärischen Organisationen einiger weniger Nationalstaaten zur Verfügung stehend, haben Privatunternehmen mittlerweile gleichwertige Systeme im Einsatz und bieten diese am Markt an. Erosion des nationalstaatlichen Informationsmonopols, was sich auch auf militärische Einsätze
auswirken kann, muss konstatiert werden.

Parallelen zwischen Massenelektrifizierung und Informationalisie-
rung

Historische Grundlage weiterer Veränderungen war nach dem Buchdruck
auch Massenelektrifizierung, da ohne Strom keinerlei elektronische Kommunikation vorstellbar ist. Veränderungen, die durch Elektrifizierung einer Stadt
eingeleitet wurden, kann am Beispiel Chicagos aufgezeigt werden. Folge der
Elektrifizierung Chicagos durch Samuel Insull waren weitreichende soziale
Umschichtungen innerhalb der Stadt:

---

[152] Guzzini, Stefano, aaO., S 9.
[153] In Bezug auf Macht kann dies an den vorenthaltenen Satellitenbildern der Vereinigten
Staaten gegenüber ihren Verbündeten im Kosovo Krieg anschaulich dargestellt werden. In
Bezug auf Geld ist das oben angeführte Zitat von Toffler in Fußnote 36 massgeblich. Beide
Topoi vereinen kann der vieldiskutierte „CNN-Effekt." Vgl. Jakobsen, Peter Viggo, Focus
on the CNN Effect Misses the Point: The Real Media Impact on Conflict Management is
Invisible and Indirect, Journal of Peace Research, Vol. 37, No. 2, March 2000.
[154] Luhmann, Niklas, Soziale Systeme, Frankfurt am Main, Suhrkamp, 1984, S. 68.

"Electric service was fast becoming a necessity of urban life among the middle class."[155]

Ebenso wie der gemächliche Einzug des Internet in Mittelklassehaushalte heute gestaltete sich die Elektrifizierung um 1900:

> „In sharp contrast to the commercial sector, the introduction of electricity into the home was a slow process that did not upset traditional family routines. During this period, it was common for households to have both gas and electric lighting. The contemporary fashion of dual-purpose fixtures reflected a conservative attitude toward the use of novel technologies in the private preserve of the home."[156]

Die Einführung elektrischer Energie veränderte die Stratifikation von Wohnvierteln:

> "The proliferation of "streetcar suburbs" and industrial "made-to-order" cities not only quickened the pace of metropolitan sprawl but also redefined the city's social geography. In the twentieth century, suburbanization has meant segregation by class, race, and ethnicity."[157]

Neben klassenbasierten Umschichtungen durch Elektrifizierung wie Informationalisierung werden neue Produktionsformen eingeführt. Die intensive Nutzung elektrischer Energie wurde zu einem integrierten Bestandteil des Produktionsprozesses, der ineffizientere Kohleöfen und Pferde ablöste. Fordistisch zu beschreibende Produktionsprozesse wurden möglich. Diese erhöhten die Effizienz der Produktion, verbesserten den Kapitaleinsatz und differenzierten arbeitsteilige Wirtschaft weiter aus, da die Trennung von Energieerzeugung und Produktion weiter ausgebaut werden konnte. Ebenso wie Elektrifizierung rekursive Einflüsse auf die Gesellschaft ausübte, kann dies mittlerweile für elektronische Kommunikationsmedien konstatiert werden:

> "The phenomenal success of the radio reinforces the conclusion that Chicagoans had become dependent on electricity to maintain a new, energy-intensive style of life. The links among the consumption of energy, technology, and leisure activities in the city started forming long before with the lighting of downtown theaters and streets."[158]

Hinsichtlich Wertschöpfung und Vergesellschaftung ist der intensive Energieverbrauch zu Beginn des letzten Jahrhunderts, vergleichbar mit der heutigen intensiven Nutzung elektronischer Kommunikation, wie Mobiltelefonie oder Email Nachrichten. Die gesellschaftliche Breitenanwendung neuer Technolo-

---

[155] Platt, Harold L., City Lights: The Electrification of the Chicago Region 1880-1930, in Tarr, Joel A., Dupuy, Gabriel (ed.), Technology and the Rise of the Networked City in Europe and America, Philadelphia, Temple University Press, 1984, S. 262.
[156] Platt, Harold L., aaO.
[157] Platt, Harold L., aaO. S. 264.
[158] Platt, Harold L., aaO. S. 273.

gien, von wirtschaftlicher Seite auf Grund von Economies of Scale eingesetzt, löste rekursiv verstärkende Tendenzen aus, welche in einer Aufwärtsspirale einen gesellschaftlichen Umbau in Gang setzten.[159] Einher mit gesellschaftlichem Umbau geht eine Veränderung von Risiko- und Gefahrenbereichen durch Einsatz infrastrukturbasierter Technologien.

Vergesellschaftetes Risiko, Gefahr und Unsicherheit

Die Abhängigkeiten und Gefahren, welche jeweils von Infrastruktur ausgehen, sind durch die Initiativen gegen den Einsatz von Kernenergie zu Allgemeinbewusstsein gelangt und haben sich durch die Katastrophen von Tschernobyl und Harrisburg realisiert.[160] Dass mittlerweile vergleichbare Gefährdungen durch informationelle Technologien entstanden sind, blieb der Bevölkerung bisher weitgehend verborgen. Die Integration einer Vielzahl von Prozessen in Infrastrukturen durch intrainfrastrukturelle und interinfrastrukturelle Vernetzung können Ereignisse, die mit unkontrollierter Kernspaltung vergleichbar sind, zeitigen. Verwiesen wird in diesem Kontext auf den Ausfall von LVTS Systemen. Die Zeitspanne, bis Ausfälle dieser Art Gesellschaften erreichen, sind sicherlich größer als die eines nuklearen Niederschlages. Die dadurch ausgelöste Unsicherheit wird aber in weiten Bevölkerungskreisen ein ähnliches Niveau erreichen, da der mangelhafte Aufbau von Umweltkomplexität bezüglich vorhanden sein dieser Prozesse gesellschaftlichen, wirtschaftlichen und nicht zuletzt politischen Akteuren, so es zu einem Vorfall größeren Ausmaßes kommt, Legitimation entziehen und die Grundversorgung nur noch über einen kurzen Zeitraum aufrecht erhalten werden kann. Dies ist modernen technischen Entwicklungen inhärent:

> „Insbesondere komplexe technologische Systeme in den Informations- und Kommunikationstechnologien [...] zeichnen sich durch langfristige und hohe Komplexität, durch gewaltige Akzeptanz-

---

[159] "Two years later, nighttime network shows were changing the rhythm of everyday life, causing Insull to remark, that "the widespread use of radio receiving sets is a factor in the increased use of electricity for residential lighting." In 1930, the radio became the most popular home appliance, surpassing the iron in only seven years. A 1934 field survey confirmed that 94 percent of the company's customers had a set. It made life on the farm without electricity that much more isolated and unbearable." Platt, Harold L., aaO. S. 274. Dies kann man mit dem Anstieg der Zahl der Internetnutzer in Beziehung gesetzt werden. Vgl. http://www.nua.ie/surveys/how_many_online/world.html, [29.4.2002]. Demnach waren im Dezember 2001 527 Millionen Individuen mit einem Internetzugang ausgestattet. Im Vergleich dazu waren es im Dezember 1995 16 Millionen.

[160] „It is, rather, the general condition of civilisation towards which we are moving; it is a condition where the magnitude of human enterprises becomes comparable with the widest determinants of our normal existence. Nuclear power turns out to be a forerunner, a pathfinder of that." Krücken, Georg, Gesellschaft / Technik / Risiko, Bielefeld, Kleine Verlag, 1990, S. 51.

wie Kostendimensionen, durch unbekannte Wirkungen und Nebenwirkungen, kurz gesagt: durch hohe Unsicherheit aus."[161]

Momentan im Einsatz befindliche Systeme zur Steuerung, Versorgung und Planung von Abläufen zeichnen sich durch ebendiese Wirkungsketten aus. Wirtschaftliches Risiko wird in gesellschaftliche Bereiche externalisiert und führt zu nicht wahrgenommenen Gefahren. Sicherheit, eine Domäne staatlichen Handelns, sofern sie als Schutz vor allgemeinen und spezifischen Lebensrisiken verstanden wird, kann nicht länger gewährleistet werden. Gerade die oben erläuterten Lebensrisiken, seien es Angriffe auf physische Anlagen oder virtuelle Computernetzwerke sind nicht kontrollierbar. Eine Differenzierung zwischen sicherem und unsicherem Verhalten für Bürger ist unmöglich, das Treffen von eigenen Entscheiden ist in gesteigertem Maße mit Risiko behaftet, wobei

> „the choice of risks to worry about depends on the social forms selected. The choice of risks and the choice of how to live are taken together. Each form of social life has its own typical risk portfolio."[162]

Informationsbasierte Gesellschaften zeichnen sich durch Sozialformen aus, die gegenüber Unfällen nahezu eine Nulltoleranz aufweisen. Zurückführbar auf Ein-Kind-Familien, Rationalisierung vormals transzendent empfundener Lebenssachverhalte bereits zu Zeiten der Industrialisierung die sich mit Zunahme wissenschaftlicher Forschung und Entwicklung zu der Erwartung, gegen alle Eventualitäten gewappnet zu sein steigerten, erfüllen sich nicht. Dass dem nicht so ist, ist bei Individualschicksalen unproblematisch, da keinerlei soziale Dynamiken ausgelöst werden können. Realisieren sich allerdings Ereignisse, die eine Großzahl von Personen betreffen, können kollektive Handlungsprobleme von Protestbewegungen überwunden werden. Als ein Beispiel können Angriffe auf Informationssysteme, mit weitreichenden Folgen für weite gesellschaftliche Kreise, dienen. Diese sind geeignet, Gruppen entstehen zu lassen, die ad hoc kollektive Handlungsprobleme überwinden können. Krisenfolgen differieren je nach dem System von dem aus sie betrachtet werden. Differenziert werden kann zwischen Gesellschaft, Politik und Technologie. Kommt es zu einem Unfall oder zu gezielten Angriffen auf Infrastrukturen, so kann dies in Gesellschaften eine Bewältigungskrise auslösen. Die Technologie, auf die der Schaden zurückzuführen ist, erfährt eine Akzeptanzkrise. Bewältigungs- und Akzeptanzkrise können zu einer Legitimationskrise des politischen Systems kumulieren, da dieses für den Schutz seiner Bürger verantwortlich gemacht wird. Entpolitisierung als Maßnahme, um staatlichem Handeln Freiräume zu verschaffen, wendet sich in diesem Fall in kontraproduktive Ergebnisse. Fraglich ist, welche Vorkehrungen gegen eine mögliche Havarie von

---

[161] Naschold, Frieder, Technikkontrolle und Technikfolgeabschätzung, Aulavorträge 46, Hochschule St. Gallen, 1989, S. 6.
[162] Douglas, Mary, Wildavsky, Aaron, Risk and Culture, Berkeley, Univeristy of California Press, 1982, S.8.

Kommunikationsinfrastrukturen getroffen werden können. Ein Ausstieg aus der digitalen Kommunikation ist mangels Alternativen noch weniger vorstellbar, als ein Ausstieg aus der Kernenergie.

Risiko kann sich in Form von Unfällen realisieren, Gefahren durch gewollt herbeigeführtes Handeln. Generell sind Risiken Folge bewussten Entscheidens, dessen Folgen zum Zeitpunkt der Entscheidung für das Subjekt als kontingent erscheinen. Man kann sich für ein Vorgehen entscheiden und Risiken, die in dieser Entscheidung liegen, wie den Einsatz von COTS Produkten oder auch welche Sektoren einer Privatisierung zugeführt werden, antizipieren. Alle Sinnanschlüsse, die diese Entscheidungen implizieren, können jedoch nicht abgesehen werden. Selbst wenn man anders entscheidet, ändern sich grundlegende Determinanten nicht. Es werden bestenfalls andere Risiken möglich. Das Paradox, mit dem man dabei konfrontiert ist, besteht darin, dass Technologisierung zur Verminderung allgemeiner Lebensrisiken beitragen sollte. Gleichzeitig entstehen neue Risiken durch Technologisierung, die den überwundenen in keiner Weise nachstehen:

> "With the close of the industrial era and the end of the ruling scientific paradigm, humanity is witnessing the undermining of the control denominator model that was born from both of them. A basic element in the Western industrial paradigm was the belief in man's unbounded ability to control his environment and achieve unlimited material progress."[163]

Qualitativ und quantitativ steigen Risiken mit Auslaufen des industriellen Paradigmas gerade deshalb, weil industrielle mit informationellen Risiken koinzidieren, die Transition nicht abgeschlossen, sowie die Wahrnehmung neuer Risiken nur rudimentär und größere Streuwirkung der überwundenen oder überwunden geglaubten Risiken vorhanden ist.[164] Das bisher implizit angesprochene Problem des rationalistischen Paradigmas, dass dieses

> „failing to take account of the blindness inherent in the way problems are formulated,"[165]

tritt offen zu Tage. Versuche, Risiken durch technische Gegenmaßnahmen zu vermindern laufen ins Leere, da Ursachen der Entstehung von Risiken durch eben diese Technik geschaffen werden. Die epochale Differenz, die technisierte Gesellschaften von naturalistischen trennt, bedeutet

> „eine kontrollierte Extension des Bereichs rationalen Handelns, wobei qua probabilistischer Risikokalkulation"[166]

---

[163] Merry, Uri, Coping with Uncertainty, Westport, Praeger, 1995, S. 101.

[164] Was einst als transzendentes Schicksal galt und damit übermenschlichen Sphären zugerechnet wurde, ist mit Übergang zu dem Risikobegriff immanent geworden. Damit verändert sich der Attributionsvorgang, wer für Ereignisse verantwortlich ist.

[165] Winograd, Terry, Flores, Fernando, Understanding Computers and Cognition: A New Foundation for Design, Massachusets, Reading, 1986, S. 77.

[166] Krücken, Georg, Gesellschaft / Technik / Risiko, Bielefeld, Kleine Verlag, 1990, S. 9.

versucht wird, Entscheidungen gegenüber Misserfolgen zu immunisieren. Man kann zwar Abschätzungen treffen, die das Risiko einer Entscheidung minimieren sollen, diese Abschätzungen selbst unterliegen jedoch dem Risiko, falsch abgeschätzt zu haben. Ausgegangen wird bei Abschätzungen dieser Art von spezifischen Anfangsbedingungen, die sich über den Zeitablauf verändern. Da es sich bei dem Einsatz neuer Technologien um aktuelle Entscheidungen angewandt auf zukünftige technische Entwicklungen handelt, sind Entscheidungen unter Risiko gekennzeichnet durch Temporalisierung zukünftiger Zustände der Welt in gegenwärtigen Handlungen. Unterscheidung von Risiko und Gefahr liegt

> „ein Attributionsvorgang zugrunde, sie hängt also davon ab, von wem und wie etwaige Schäden zugerechnet werden. Im Falle von Selbstzurechnung handelt es sich um Risiko, im Falle von Fremdzurechnung um Gefahren."[167]

Das Risiko, nass zu werden, weil man den Regenschirm nicht mitnimmt, attributiert man sich selbst. An dieses Risiko schließt sich, entscheidet man sich anders, das Risiko an, den Regenschirm zu verlieren und die Gefahr, dass er gestohlen wird. Neben dem Verlust des Regenschirms bestehen weitere Risiken durch verwenden des Regenschirms. So kann ein Blitz durch das Eisengestell des Schirms einschlagen oder der Regenschirm durch einen Sturm beschädigt werden. Die Gefahr des Diebstahls des Regenschirms vermindert somit wiederum das Risiko von einem Blitzschlag getroffen zu werden, erhöht aber das Risiko, nass zu werden. Konstant bleibt hingegen das Risikobewußtsein, welches über strukturierte Umweltkomplexität bei jeder Entscheidung inkorporiert wird. Diese Risiken können sich, wie gezeigt, in unterschiedlichen Krisenarten manifestieren.

Risiken und Gefahren vereint, dass beide den Bedingungen der Unsicherheit unterliegen. Da aber unterschiedliche Zurechnungen folgen, sind tangierte Bereiche different. Eigene Entscheidungen können als Risiko zugerechnet werden und sind Probleme der Zeitdimension, da man auf Grund eben dieses Entscheidens nicht weiß, was eintreten wird. Man wägt ab und trifft die „beste" Entscheidung. Gefahren verwirklichen sich ohne eigenes Entscheiden und unterliegen somit anderen Bedingungen. Hätte man sich zuvor anders entschieden, wären diese Gefahren nicht virulent geworden. Strukturierung der Komplexität zukünftiger Gefahren durch gegenwärtiges Entscheiden ist wiederum ein Risiko dieses Entscheidens, ohne die notwendige Umweltkomplexität berücksichtigen zu können.

> „Man ist dann genötigt, zwischen den noch unbekannten, weder beobachtbaren noch induktiv erschließbaren künftigen Gegenwarten und der gegenwärtigen Zukunft zu unterscheiden."[168]

---

[167] Luhmann, Niklas, Risiko und Gefahr, Aulavorträge 48, Hochschule St. Gallen, 1989, S. 22.
[168] Luhmann, aaO., S. 32.

Gefahren werden deswegen anderen zugerechnet. Die Errichtung eines A-tomkraftwerkes ist für die Betreiber ein Risiko, für die Anwohner eine Gefahr. Rationalisierung hatte zur Folge, dass Gefährdungen nicht mehr als naturgegeben hingenommen sondern als pflichtwidriges Unterlassen Dritter betrachtet werden. Risiken, die andere in den Verkehr bringen verwandeln sich in Gefahren, die man durch eigene Entscheidungen nicht beeinflussen kann. Gefahren wiederum werden zum Risiko für die Gefährdeten, da, sobald ein Entscheiden gegen die Gefahr möglich ist, ein Risiko entsteht. Es besteht dennoch die Möglichkeit diese Gefahr, weil man sich dessen bewusst ist, etwa durch einen Umzug aus dem Einzugsgebiet eines Atomkraftwerkes, entgegen zu wirken, was Gefahren wiederum zu Risiken werden läßt. Gegen informationsbasierte Gefahren kann man sich jedoch genauso wenig schützen wie gegen flächendeckende Umweltrisiken, da ein Umzug – wohin? – aussichtslos ist.

Zusätzlich verschiebt die steigende Informationsmöglichkeit Risiko und Gefahr zusehends. Sachverhalte, die ursprünglich als Gefahren einzustufen waren, werden zu Risiken. Damit verändert sich die Attribution kollektiven Vorgehens gegen Gefahren hin zu individueller Vorsorge gegen Risiken ebenso wie die Zurechnung von Verantwortung. Externalisierung kollektiver Risiken zu Gefahren für Individuen führt zu einer weiteren Unterminierung gesamtgesellschaftlichen Zusammenhaltes:

> „Hunger ist hierarchisch, auch im letzten Krieg haben nicht alle gehungert, aber atomare Verseuchung ist egalitär und insofern demokratisch."[169]

Eine Demokratisierung von Gefahren wiederum sollte den gesellschaftlichen Zusammenhalt wegen allseitiger Betroffenheit stärken. Selbst Gemeinschaftsbildung ist für eine Gesellschaft als Ganzes kontraproduktiv, da eigene Gefahren in die Risiken anderer verwandelt werden.[170] Somit ist Ordnung durch bindende Entscheidung nicht präsent und wird, falls sich ein Risiko realisiert, an politische Institutionen adressiert. Die Politik wiederum wird damit konfrontiert, da sie, trotz affirmiertem oder opponiertem Verlust von Entscheidungsmöglichkeiten, für sich reklamiert, bindende Richtlinien aufzustellen. Dies betrifft auch die Entscheidung, etwas nicht oder nicht länger zu entscheiden. Zu diesem Sachverhalt tritt Internationalisierung nationaler politischer Entscheidungen. Dies internalisiert globale Problemlagen in nationale politische Prozesse, da Gefahren geografisch nicht begrenzbar sind und zeigt

---

[169] Beck, Ulrich, Risikogesellschaft – Die organisierte Unverantwortlichkeit, Aulavorträge 47, Hochschule St. Gallen, 1989, S. 4. Für den letzten Krieg, waren Alle. Auch wenn sie gegen die Regierung, die den Krieg erklärt hat stimmten. Sie gaben zuvor implizit ihre Zustimmung, die Entscheidung zu akzeptieren. Für den Bau eines Atomkraftwerkes an der Grenze des benachbarten Auslandes hat niemand entschieden.

[170] Klassisches Beispiel sind Bürgerinitiativen und basisdemokratische Elemente in Verfassungen.

sich unter anderem in der Kontroverse, wie Angriffe mit virtuellen Mitteln auf Informationssysteme gewertet werden sollen.

Da der Ursprung eines Angriffes nicht immer oder fast nie eindeutig lokalisiert werden kann, ist es für staatliches Handeln fraglich, welcher Kompetenzbereich in einem solchen Fall tangiert ist. Sind nationale Polizeibehörden oder militärische Organisationen zuständig? Die Implikationen sind weitreichend, da gänzlich andere Präsumptionen, je nach zuständiger Organisation vorhanden sind und verfassungsrechtliche Fragen tangiert werden, die weitreichend ungeklärt sind. Aufgabe institutioneller Trennung dieser Bereich ist in demokratisch verfassten Gemeinwesen unvorstellbar. Eine Konsequenz daraus wäre die Militarisierung vormals polizeilicher Gegenstandsbereiche. Nationale Lösungen greifen zu kurz, internationale Lösungen sind durch den Mangel an Kodifikation, Willen zur Zusammenarbeit und Transnationalität installierter Systeme nicht vorhanden. So lange Kompetenzfragen dieser Art ungeklärt sind, können Angriffe nicht adäquat beantwortet werden, was sich wiederum negativ auf politische Systeme auswirkt.

Nichtwahrnehmung virtueller Risiken

Gegen eben angesprochene Gefahren kann man trotz guter Informationsbasis nur durch den Aufbau von Umweltkomplexität, dass etwas eine Gefahrenquelle darstellt, Vorkehrung treffen. Die Vielzahl von Informationsmöglichkeiten erschwert eine Selektion relevanter Quellen. Neuartigkeit der Technologie erschwert diese Selektion, da Anschlussmöglichkeiten für die überwiegende Mehrzahl von Individuen erschwert sind. Die Wahrnehmung dieser Risiken ist in ausdifferenzierten Gesellschaften abhängig von dem jeweiligen Individuum, das Zustände der Welt autopoietisch kategorisiert und wertet. Individuen, die als größte Gefahr einen Angriff aus dem Ausland fürchten, nehmen Umweltproblematiken weniger stark wahr. Andere sehen einen Anstieg von Kriminalität als primäre Gefahr. All diese Wahrnehmungen haben als gemeinsame Grundlage, dass Risiken durch differente Präferenzen unterschiedlich gewichtet werden.[171] Kumulativ sind informationelle Risiken, so meine These, in den Präferenzordnungen mangels Wissens über diese nicht inkorporierbar. Die zunehmende Integration von Diensten und Anwendun-

---

[171] „Obwohl die neuere psychologische Forschung, die vor allem durch die Erfindung informationsverarbeitender Maschinen ausgelöst wurde, in dieser Frage noch ganz in den Anfängen steckt, wissen wir doch bereits mit einiger Sicherheit, daß das menschliche Potential für Komplexität, das Vermögen, komplexe Sachverhalte zu erfassen und zu verarbeiten, seinen Schwerpunkt in den unterbewußten Wahrnehmungsprozessen hat, daß dagegen alle höheren, bewußtselektiven Denkleistungen nur sehr wenige Variablen zugleich überblicken können. Während es nicht schwerfällt, zwischen zwei Obstkörben zu wählen wenn der eine vier, der andere fünf Apfelsinen enthält, ist die Wahl zwischen Körben mit gemischtem Obst sehr viel schwieriger, selbst wenn die Wertdifferenz erheblich größer ist." Luhmann, Niklas, Zweckbegriff und Systemrationalität, Frankfurt am Main, Suhrkamp, 1991, S. 31.

gen in Infrastruktur führt durch steigende Komplexität, Internationalität der Vernetzung und Abhängigkeit von Prozessen, die über Infrastrukturen abgewickelt werden, zu nicht reflektierten Gefahren in der Bevölkerung. Ein Atomkraftwerk ist eine sichtbare Gefahr, so abstrakt diese auch sein mag, für die umliegenden Gebiete. Dass der internationale Kapitalmarkt nur noch in Form von Bits und Bytes materialisiert ist und Transaktionen über Telekommunikationsinfrastrukturen transferiert werden, die den Güteraustausch um ein Vielfaches übersteigen und mindestens gleiche Relevanz besitzen, ist Individuen informationsbasierter Gesellschaften selten bewusst. Großtechnische Gefahren im nationalstaatlichen Bereich bedürfen aufwendiger Genehmigungsverfahren denen sich, im politischen Diskurs legitimiert, alle angeschlossen haben. Insoweit bestehen nationale Rückfalloptionen, die auf den politischen Bereich rekurrieren können, wenn ein Unfall in einem nationalen Kontext eintritt. Folge kann eine Legitimationskrise des politischen Systems sein. Diese Legitimationskrise kann mit den zur Verfügung stehenden Verfahren institutionell bearbeitet werden. Internationale Prozesse, auf die Nationalstaaten geringen Einfluss haben, können national keiner Lösung zugeführt werden und wurden nicht legitimiert. Dadurch ist auch keine nationale Rückfalloption vorhanden. Eine Legitimationskrise kann von politischen Akteuren nur unter Verweis auf Internationalität der Problemlage beantwortet werden und zeigt die Handlungsunfähigkeit nationaler politischer Verfahren. Dies unterminiert nachhaltig die Glaubwürdigkeit politischer Prozesse, Probleme bearbeiten zu können und Auswege, hat sich eine Legitimationskrise materialisiert, werden erschwert. Eine internationale Zusammenarbeit wird durch die Geschwindigkeit der technologischen Entwicklung, die kollektive Handlungsproblematik und den mangelnden Einfluss auf Entwicklungen erschwert.

Nachdem ich die Infrastrukturbereiche im nötigen Umfang dargestellt habe und diese technische Darstellung mit sozialen und politischen Determinanten verknüpft wurden, wurden weitere technische Elemente analysiert. Im Folgenden werde ich technische Schwachstellen der vorhandenen Systeme skizzieren, um Risiken, die für die Aufrechterhaltung von Kohärenz und Ordnung moderner Gesellschaften relevant sind, abschätzen zu können.

Schwachstellen und nichtlineare Prozesse

Generell muss davon ausgegangen werden, dass niemals alle möglichen Schwachstellen bedacht werden können. Schwer zu beantworten ist, ob

> „danger or safety [...] is hidden? How can one choose among these rival world views? Where it possible to calculate risk comprehensively and to agree on a relative ranking of dangers, doubt would be unnecessary. Risk assessment would replace choice of risk. By knowing the risks we face now and into the future and by assining

them relative rankings, technological choice could overtake social choice. But can we know?"[172]

Diese Nichtwissen sollte dabei jedoch weder zu Verharmlosung noch zu Übertreibung bestehender Risiken führen. Da in diesem Zusammenhang Orientierungsgrößen schwer generierbar sind, können Rückgriffsmöglichkeiten auf vorhandene Kategorien nicht erfolgen.[173] Historisch-empirisch betrachtet kann, trotz proklamierter Änderung durch informationsbasierte Technologien, von relativ robusten Systemen ausgegangen werden. Dies ist verteilter Kommunikationsmöglichkeit und Redundanz geschuldet. Zunehmende Integration gleicher Komponenten lässt diese Faktoren schwinden, da:

> "large, interdependent computer networks that now control many important public infrastructures [are] vulnerable to sudden, catastrophic failures that would not have been possible one or two decades ago"[174]

und

> "one of the vulnerabilities highlighted in international studies is the vulnerability of (critical) infrastructures [...]. If the availability, integrity or even the confidentiality of the information system is compromised in any way, whether deliberately or inadvertently, this could produce devastating scenarios [...] for sections of international society."[175]

Bedrohungen und Verwundbarkeiten können von physischen, virtuellen, aus Komplexität entstandenen und durch Interdependenz hervorgerufenen Schwachstellen resultieren[176]. Während physische Schwachstellen keine neue Erscheinung sind, sondern immer schon technikinhärent waren, gesellten sich virtuelle Dimensionen am Ende der Industrialisierung mit der Digitalisierung

---

[172] Douglas, Mary, Wildavsky, Aaron, Risk and Culture, Berkeley, Univeristy of California Press, 1982, S. 28.

[173] Solche Rückgriffsmöglichkeiten werden von Vertretern des "Scientific Realism" innerhalb der Disziplin der Internationalen Beziehungen versucht zu konstruieren. Der letzte gescheiterte Versuch ist zu finden in: Wendt, Alexander, Social Theory of International Politics, Cambridge, Cambridge University Press, 1999, S. 51.

[174] Nichiporuk, Brian, Builder, Carl H., Societal Implications, in: Arquilla, John, Ronfeld, David (eds.), In Athena's Camp, Preparing for Conflict in the Information Age, Santa Monica, Rand, 1997, S. 303.

[175] Luiijf, I., Klaver, M.H.A., In Bits and Pieces, Vulnerability of the Netherlands ICT-Infrastructure and consequences for the information society, http://www.infodrome.nl, S. 5, [20.9.2001].

[176] Preliminary Research and Development Roadmap for Protecting and Assuring Critical National Infrastructures, Transition Office of the President's Commission on Critical Infrastructure Protection and the Critical Infrastructure Assurance Office, Washington, D.C., July 1998, http://www.ciao.gov/, Table B-4, Protecting the Energy Infrastructure, [16.12.2001].

von Infrastrukturen hinzu.[177] Physische Schwachstellen sind an Signifikanz gestiegen, da sich diese auch auf virtuelle Abläufe auswirken können. Physische Ausfälle betreffen zugleich ausserdem immer auch virtuelle Prozesse, was zusätzliche Bereiche, die tangiert sein werden, vermehrt, da eine größere Anzahl an Prozessen betroffen sein kann. Finanztransaktionen, die über Telekommunikationsleitungen abgewickelt werden, verdoppeln Verwundbarkeiten dieser Transaktionen. Zu der bestehenden Komplexität tritt eine nichtlineare Anordnung von Abläufen, die Vernetzung unterschiedlicher Sektoren und Prozesse sowie die Einbeziehung weiterer Komponenten zur Erfüllung vorher nicht gekannter Aufgaben hinzu.

Um dies plastisch darzustellen, sei auf das TCP/IP Protokol zurück gekommen. Mittels dieses Protokolls werden sämtliche Daten des Internet und eine Vielzahl nicht auf dem Internet basierender Daten von Anwendungen transportiert. Es setzt innerhalb der Kommunikationsinfrastruktur unmittelbar auf den physischen Komponenten auf und kann als Rückgrat des Internet beschrieben werden.[178] Die Tatsache, dass Email Nachrichten eine so grosse

---

[177] Zu bedenken ist jedoch, dass durch technische Innovation techische Risiken angestiegen sind. Andere Risiken, zum Beispiel Kindersterblichkeit oder generelle Lebenserwartung, sind jedoch gesunken.

[178] „In 1969 the Advanced Researche Projects Agency (ARPA) funded a research and development project to create an experimental packet-switching network. This network, called the ARPANET, was built to study techniques for providing robust, reliable, vendor-independent data communications. [...] The experimental ARPANET was so successful that many of the organizations attached to it began to use it for daily data communications. In 1975 the ARPANET was converted from an experimental network to an operational network, and the responsibility for administering the network was given to the Defense Communications Agency (DCA). However, development of the ARPANET did not stop just because it was being used as an operational network; the basic TCP/IP protocols were developed after the ARPANET was operational. The TCP/IP protocols were adopted as Military Standards (MIL STD) in 1983, and all hosts connected to the network were required to convert to the new protocols. To ease this conversion, DARPA funded Bolt, Beranek, and Newman (BBN) to implement TCP/IP in Berkely (BSD) UNIX. Thus began the marriage of UNIX and TCP/IP. About the time that TCP/IP was adopted as a standard, the term *Internet* came into common usage. In 1983, the old ARPANET was divided into MILNET the unclassified part of the Defense Data Network (DDN), and a new, smaller ARPANET. "Internet" was used to refer to the entire network: MILNET plus ARPANET. In 1985 the National Science Foundation (NSF) created NSFNet and connected it to the then-existing Internet. The original NSFNet linked together the five NSF supercomputer centers. It was smaller than the ARPANET and no faster – 56Kbps. Nonetheless, the creation of the NSFNet was a significant event in the history of the Internet because NSF brought with it a new vision of the use of the Internet. NSF wanted to extend the network to every scientist and engineer in the United States. To accomplish this, in 1987 NSF created a new, faster backbone and a three-tiered network topology that included the backbone, regional networks, and local networks. In 1990, the ARPANET formally passed out of existence, and the NSFNet ceased its role as a primary Internet backbone network in 1995. Still, today the Internet is larger than ever and encompasses more than 95,000 networks worldwide. This network of networks is linked together in the United States at several major interconnection points. [...] Because TCP/IP is required for

Popularität entwickelten, dass zuerst die Forschungsgemeinde der Vereinigten Staaten vehement den Anschluss an dieses neue Kommunikationsmedium forderte, und dass der Austausch von Email Nachrichten lange Zeit das größte Datenvolumen[179] darstellte, konnte nicht vorhergesehen werden. Dies war ein Ergebnis kultureller Einbettung von Personen in soziale Kontexte, die es praktikabel und nach gewisser Zeit notwendig machten, elektronisch zu kommunizieren.

Die Wahrnehmung eines Risikos durch diese Entwicklungen war und ist nicht vorhanden. A priori können Entwicklungen nie in Überlegungen inkorporiert werden und führen zu neuen Gegebenheiten, die sich auch auf die Systemstabilität und –konstitution auswirken.[180] Fehlerquellen, die fordistischen Produktionsmethoden geschuldet sind, sind einfach zu lokalisieren und damit zu beheben. Die lineare Abfolge von Produktionsschritten an Fliessbändern kommt zum Stocken, sobald an einer Stelle des Produktionsablaufs ein Fehler auftritt. Sämtliche Produktionsabläufe vor und hinter einem fehlerhaften Punkt kommen damit zum Erliegen. Eine Lokalisation des schädigenden Ereignisses wird dadurch relativ einfach unter geringem Zeitbedarf erfolgen können. Nichtlineare Fehlerquellen führen hingegen dazu, dass physisch unmittelbar davor und dahinter befindliche Produktionsschritte unter Umständen unbeeinträchtigt weiter laufen können, dadurch eine eindeutige Lokalisation nicht möglich ist und weitere Fehlerursachen und –auswirkungen an gänzlich anderen Stellen des Systems auftreten können. Neben dieser schweren Verortung von Fehlerquellen[181], geografisch ausladenden Fehlerräumen

---

Internet connection, the growth of the Internet has spurred interest in TCP/IP. As more organizations become familiar with TCP/IP, they see that its power can be applied in other network applications. The Internet protocols are often used for local area networking, even when the local network is not connected to the Internet. TCP/IP is also widely used to build enterprise networks. TCP/IP-based enterprise networks that use Internet techniques and World Wide Web tools to disseminate internal corporate information are called *intranets*. TCP/IP is the foundation of all of these varied networks." Hunt, Craig, TCP/IP Network Administration, Sebastopol, O'Reilly & Associates, 1998, S. 3. Siehe auch: http://www.media-awareness.ca/eng/indus/internet/history.htm, [21.6.2002].

[179] http://www.caida.org/outreach/resources/learn/trafficworkload/ [21.6.2002].

[180] Dies kann als Analogie zur mangelnden Möglichkeit Umweltkomplexität gegenüber spezifischen Entwicklungen zu strukturieren betrachtet werden.

[181] Dies kommt Bedingungen wissenschaftlicher Dekonstruktion gleich: „If the effect is what causes the cause to become a cause, then the effect, not the cause, should be treated as the origin." Culler, Jonathan, On Deconstruction, Ithaca, Cornell University Press, 1982, S. 88; Kausale Sequenzen, wie bereits Hume bemerkte, sind zwar einfach zu etablieren, ob diese mehr als "relations of contiguity and temporal succession" sind, ist allerdings in der Regel nicht feststellbar. Ruiz sieht dies in einem nochmals etwas anderem Licht: „Part of this logic of foundations is the tendency of modern discourses to reduce historical reality to causal explanations and abstract, rational, univocal propositions; for example, the „possessive individual," der „rational state," „scientific man," „the proletariat," „ideal speech situation," „God, king phallus, womb." What is often overlooked or completely ignored is what Beverly Harrison has called the interstructuration of domination, that is, the irreducibililty of history to forces, factors, elements, and variables that can be and need to be isolated in

und Unklarheit über Art und Ursache von Fehlern, ist der Zusammenbruch von Kontrollmöglichkeiten denkbar. Bei mechanischen Systeme kann noch zwischen enger und loser Kopplung differenziert werden:

> „enge Kopplung [...] bedeutet, dass es zwischen zwei miteinander verbundenen Teilen kein Spiel, keine Pufferzone, keine Elastizität gibt. Sämtliche Vorgänge des einen Teils wirken sich unmittelbar auf die Vorgänge des anderen Teils aus."[182]

Nichtlinear arbeitende Systeme kommen zum Einsatz,

> „weil wir nicht wissen, wie wir dasselbe Ergebnis mit Hilfe von linearen Systemen erreichen können."[183]

Nichtlinearität von Systemen erhöht allerdings den Grad an Unsicherheit, da keine determinierten Abläufe und Regelkreise vorhanden sind und Systeme zusehends verschmelzen. Um Abschätzungen bezüglich Risiko und Gefahr treffen zu können, bedarf es Annahmen, die einen Entscheidungsraum eröffnen. Grenzen möglicher Abschätzung sind lediglich innerhalb eines Raumes, wie zum Beispiel einem Mondflug, bezüglich Schadensmöglichkeit, Risiko und Unsicherheit zu einem bestimmten Zeitpunkt an einem bestimmten Ort mit im Vorhinein festgelegten Kriterien möglich.[184]

> „Ranking dangers [...] so as to know which ones to address and in what order, demands prior agreement on criteria."[185]

Genau solche Kriterien für die Abschätzung informationstechnologischer Entwicklungen sind bisher allerdings nicht vorhanden. Dies resultiert neben der Neuartigkeit der Entwicklung auch aus unterschiedlichen Wahrnehmungen von Beteiligten bei der Abschätzung von Risiken:

> "Scientists and managers who study risk for a living are consistently irritated that the public seems to worry about the „wrong risks – which is certainly true if you take mortality statistics as your standard. The correlations between expected annual mortality (for example) and public fear are very low."[186]

---

order to be understood." Ruiz, Lester Edwin J., After National Democracy: Radical Democratic Politics at the Edge of Modernity, Alternatives, No. 16, 1991, S. 174.

[182] Perrow, Charles, Normale Katastrophen, Frankfurt, Campus Verlag, 1988, S. 131.

[183] Perrow, Charles, aaO. S. 129.

[184] Krücken, Georg, Gesellschaft / Technik / Risiko, Bielefeld, Kleine Verlag, 1990, S. 51.

[185] Douglas, Mary, Wildavsky, Aaron, Risk and Culture, Berkeley, Univeristy of California Press, 1982, S. 3.

[186] Jungermann, Helmut, Kasperson, Roger E., Wiedemann, Peter M., Themes and Tasks of Risk Communication, Jülich, Kernforschungsanlage Jülich, 1988, S. 163. Anders ausgedrückt: „Everyone, expert and layman alike, is biased. No one has a social theory above the battle. Knowledge of danger is necessarily partitial and limited: judgements of risk and safety must be selected as much on the basis of what is valued as on the basis of what is known. Thus the difference diminishes between modern mankind and its predecessors. Sciense and risk assessment cannot tell us what we need to know about threats of danger

Nichtlinear arbeitende Einheiten und Systeme erfüllen nicht mehr eine Funktion kausaler Prozesse sondern mehrere:

> „So kann zum Beispiel eine Heizvorrichtung sowohl das in Tank A befindliche Gas aufheizen als auch gleichzeitig als Wärmetauscher genutzt werden, um die überschüssige Wärme von einem chemischen Reaktor zu absorbieren. Bei einem Ausfall der Heizvorrichtung kühlt der Tank A zu sehr ab um weiterhin eine Rekombination von Gasmolekülen zu ermöglichen [...] und gleichzeitig überhitzt sich der chemische Reaktor, da die überschüssige Wärme nicht mehr abgeführt wird. Es ist zwar eine gute Konstruktion für eine Heizapparatur, weil sie Energie spart, aber die auftretenden Interaktionen sind jetzt nicht mehr linear. Die Heizvorrichtung erfüllt nunmehr eine [...] Common-Mode-Funktion – sie bedient zwei weitere Komponenten, und wenn sie ausfällt, fallen auch die beiden Modi [...] aus, und damit beginnt bereits die Komplexität der Interaktionen."[187]

Erfüllung mehrerer Funktionen durch ein Bauteil, Subsystem oder System erhöht die Interaktionen, in die jedes Bauteil mit anderen Bauteilen eintreten kann. Um so mehr Bauteile Verwendung finden, die mit mehreren anderen Bauteilen interagieren müssen, um ihre Funktion erfüllen zu können, um so leistungsfähiger und zugleich anfälliger wird das Gesamtsystem. Konzeptuell sind Systeme mit den aufgeführten Charakteristika unkontrollierbar, da logisch kein Punkt vorhanden ist, an dem davon ausgegangen werden kann, dass genug in Vorsorge, Planung und Wartung investiert worden ist. Digitale Systeme arbeiten grundsätzlich mit Common-Mode-Funktionen. Ziel dieses Designs ist es, auf möglichst kleinem Raum eine möglichst große Anzahl von Funktionen zu implementieren.

Common-Mode Funktionen begünstigen kaskadierende Fehler, die sich über mehrere Ebenen und Lokationen ausbreiten, da Ausfall einer Funktion auch alle anderen Funktionen beeinträchtigt. Folge einer solchen Kaskade wäre zum Beispiel, dass alle Systeme, die einen spezifischen Chip oder ein spezifisches Betriebssystem verwenden, einem Ausfall unterlägen. Redundanz als Rückfallpositionen zur Vermeidung kaskadierender Fehler ist zusätzlich abgebaut worden:

> "For example, prior to 1990, the AT&T long distance network in the U.S. was usually thought to be very robust, with many alternative paths for long distance calls to take, going through different switching centers. But all of these switching centers use the same software, and when new software was introduced in 1990, every long distance switch had the same bad line of code. So at the soft-

---

since they explicitly try to exclude moral ideas about the good life. Where responsibility starts, they stop." Douglas, Mary, Wildavsky, Aaron, aaO., S. 80.

[187] Perrow, Charles, aaO., S. 108.

ware-level, there was no redundancy at all, but rather a fragility that
brought a large part of the AT&T long distance network down."[188]

Neben nicht vorhandener Redundanz könnte ein Ausfall nicht nur auf ein
schädigendes Ereignis in einem System, sondern auf eine Vielzahl von Ereignissen, Bedingungen und Ursachen in anderen Systemen zurückführbar sein.
Bedingungen übergreifender Fehler über mehrere Systeme hinweg machen
Vorsorge und Wartung eigener Systeme gegenstandslos, da trotz Erfüllung
aller eigenen Obligenheiten, ein Tun oder Unterlassen eines Dritten und dadurch auftretende Fehler andere Systeme ausser Kraft setzen kann. Aber nicht
nur gezieltes Tun oder Unterlassen, sondern auch unvorhergesehene Probleme können selbige Ergebnisse zeitigen. Unerwartete Interaktionen steigen
durch qualitative Veränderung von Systemen, mit deren Wachstum gleichzeitig die Anzahl der zur Verfügung stehenden und benötigten Funktionen, die
sie erfüllen sollen, wächst.

Die fortschreitende technische Integration unterschiedlicher Systeme
steigert zwangsläufig lose Kopplung, da unmittelbare Verbindungen nicht
mehr in jedem Fall herstellbar sind. Von einer anderen Seite betrachtet ist die
Möglichkeit loser Kopplung, die es nicht mehr nötig macht, Systeme lokal zu
verbinden, auch ein Grund für weitere technische Integration. Kopplungen
müssen jedoch nicht immer rein virtuellen Charakters sein, sondern können
ebenso in industrialisierten Bereichen vorhanden sein:

> „The improved efficiency of supply chain management (e.g. just-
> in-time logistics) has striped out the buffers and compartements
> that could hitherto damp out the consequences of error. Speed is
> forcing or exposing more errors, [...] and potentially leaving sys-
> tems susceptible to run-away, multi-order effects."[189]

Der Übergang von enger zu loser Kopplung ist somit kein Quantensprung
durch den Einsatz computerisierter Verfahren, auch wenn er durch sie ermöglicht wird, sondern ein seit langem stattfindender Restrukturierungspro-
zess, der immer mehr Bereiche erfasst. Diese Zusammenhänge gewinnen ge-

---

[188] Hundley, Richard O., Anderson, Robert H., in Arquilla, John, Ronfeld, David (eds.), In
Athena's Camp, Preparing for Conflict in the Information Age, Santa Monica, Rand 1997,
S. 235. Eine gegenteilige Auffassung vertritt Libicki: „Physical attacks on the electronics
and wires of the Net (switches, trunk wires, major databases and other key nodes) is cer-
tainly possible, but, in and of itself, not a new kind of warfare. Industrial-era targets of the
electricity, water, natural gas, transportation, or broadcasting systems will remain equally
juicy targets. Moreover, most targets of the Net are both harder to find (because they lack
distinguishing physical characteristics), easier to protect (because they tend to be relatively
small compared to other key targets), and cheaper to make redundant. Physical attacks will
nonetheless ensue, but society's vulnerability to them can be substantially lessened by ap-
propriate and not expensive measures." Libicki, Martin C., The Meash and the Net,
Speculations on Armed Conflict in a Time of Free Silicon, McNair Paper 28, Washington
D.C., National Defense University, 1994, S. 111.
[189] Campen, Alan D., Dearth, Douglas H., Cyberwar 3.0: Human Factors in Information
Operations and Future Conflict, Fairfax, AFCEA International Press, 2000, S. 60.

genüber Eigenschaften einzelner Elemente eine Eigendynamik, die zu emergenter Systemkonstitution führt. Emergenz wiederum führt dazu, dass sowohl Fehler als auch (neue) Funktionen nicht mehr nur über zugrundeliegende Eigenschaften erklärt werden können.[190] Vergleichbar ist diese Evolution technischer Systeme mit Nervenzellen, die sich ständig gegenseitig beeinflussen.[191] Ständige Änderung durch eigene und fremde Adaption ist heute Grundcharakteristikum der Systeme. Eine Schlüsselrolle in diesem Adaptionsprozess spielt die Infrastruktur, da unterschiedliche Sektoren über diese verknüpft werden und so ständig Änderungen vorgenommen werden können. In diesem Kontext bricht das Wissenschaftsbild, dass sich in der Neuzeit durchgesetzt und zur Entwicklung eben dieser Infrastrukturen und Modelle geführt hat, auf:

> „With the close of the industrial era and the end of the ruling scientific paradigm, humanity is witnessing the undermining of the control dominator model that was born from both of them. A basic element in the Western industrial paradigm was the belief in man's unbounded ability to control his environment and achieve unlimited material progress."[192]

Hier zeigen sich Parallelen zu der angeführten Begründung, warum eine Privatisierung notwendig war, beziehungsweise erneut versucht worden ist. Klassische Begründungen der Notwendigkeit oder auch Zweckmässigkeit einer Maßnahme, können in bestimmten Kontexten innerhalb des Diskurses nicht länger aufrecht erhalten werden, da bereits gegenteilige Maßnahmen mit selbigen Argumenten gerechtfertigt wurden, andere Argumente aber nicht zur Verfügung stehen. Als Nachfolger newtonscher Physik kann die Kybernetik gelten, die in diesem Zusammenhang einen

> „revolutionären Einfluss auf die moderne Wissenschaft, insbesondere auf die Biologie und die technischen Wissenschaften [hat].[193] [...] Analog zu wissenschaftstheoretischen Überlegungen, die in Radikalisierung eines Popperschen Gedankens, die Spezifik von Wissenschaft nicht über für wahr gehaltene Aussagen, sondern im Umkehrschluss über Fehler zu erklären versuchen, können die charakteristischen Merkmale von Technik nur durch die Unterbrechung des Normalbetriebes erschlossen werden."[194]

Um die Robustheit unserer Anlagen zu überprüfen können Unterbrechungen des Normalbetriebes nicht herbeigeführt werden. Folglich müssen wir mit dieser Kontingenz leben.

---

[190] Degele, Nina, in Lux-Endrich, Astrid (Hrsg.), Komplexe Systeme und nichtlineare Dynamik, Tutzing, Evangelische Akademie Tutzing, 1994, S. 86.

[191] Merry, Uri, Coping with Uncertainty, Westport, Praeger, 1995, S. 111.

[192] Merry, Uri, Coping with Uncertainty, Westport, Praeger, 1995, S. 101.

[193] Von Wright, Georg Henrik, Erklären und Verstehen, Berlin, Philo, 2000, S. 34.

[194] Krücken, Georg, Gesellschaft / Technik / Risiko, Bielefeld, Kleine Verlag, 1990, S. 58.

Die hier aufgeführten Fehlerkategorien ließen sich in weitere Unterkategorien unterteilen, die allerdings nicht erschöpfend darstellbar sind, da diese selbst der Unsicherheit der Vollständigkeit unterliegen und variabel auftreten können. Eine unvollständige Topologie möglicher Fehlerquellen kann in drei Kategorien eingeteilt werden. Diese sind erstens in der Architektur liegende Gefahren, die sich aus Singularität, Einmaligkeit einer Komponente, Zentralität, Homogenität und Seperierbarkeit einzelner Anlagen zusammensetzen. Zweitens ist die Komplexität, deren Unterkategorien aus Vorhersagbarkeit und Empfindlichkeit gegenüber Ereignissen bestehen, zu nennen. Drittens handelt es sich um Adaptionsfähigkeit und Manipulierbarkeit, deren Unterkategorien Rigidität, Verformbarkeit und Einfalt sind.[195] Diese grundlegenden Kategorien von Systemverwundbarkeiten können mit weiteren grundsätzlichen Betriebsmodi verbunden werden. In einem weiteren Schritt besteht die Möglichkeit dieser Topologie eine gleichwertige für Schutz, Erkennung und Reaktion gegen Ausfälle und Angriffe gegenüberzustellen. Jede einzelne Komponente eines Systems müsste einer Klassifikation unterzogen werden. Da allerdings nichtlineare Prozesse ein Grundcharakteristikum topologisierter Komponenten sind, kann eine hinreichende Klassifikation nicht vorgenommen werden. Insoweit ist die Überlebensfähigkeit eines Systems schwer abschätzbar. Diese auf intendierte und nicht-intendierte Ausfälle angewandten Kategorien

„refers to the capability of a system to complete its mission in a timely manner, even if significant portions are compromised by attack of accident."[196]

Aber selbst was ein System ist, beziehungsweise wo Systemgrenzen zu ziehen sind, ist kontextabhängig

„weil es [sich] für uns gelegentlich als notwendig erweisen kann, die Apollorakete samt Modulen als ein System aufzufassen, während wir hin und wieder gezwungen sein können, sämtliche Mondflüge zu einem einzigen System zusammenzufassen."[197]

Folglich sind systemische oder sektorale Grenzen zur Risikoabschätzung schwer konstruierbar. Aber nicht nur eine Grenzziehung ist erschwert. Nichtlinearität tritt als Faktor hinzu, da nur mittels nichtlinearer Prozesse technische Abläufe heutiger Systeme erreichbar gewesen sind. Dies führt zu Interpenetrationen unterschiedlicher Systeme, die sich gegenseitig Unordnung strukturieren. Ohne diese Strukturierung wäre eine funktionale Prozesserfül-

---

[195] Anderson, Robert H., Feldman, Phillip M., Gerwehr, Scott, Houghton, Brian, Mesic, Richard, Pinder, John D., Rothenberg, Jeff, Chiesa, James, Securing the U.S. Defense Infrastructure: A Proposed Approach, Santa Monica, Rand, 1999, S. xix.
[196] Linger, R. C., Mead, N. R., Lipson, H. F., Requirements Definition for Survivable Network Systems, Software Engineering Institute, Carnegie Mellon University, www.cert.org/archive/pdf/icre.pdf, S. 1, [10.3.2002].
[197] Perrow, Charles, Normale Katastrophen, Frankfurt, Campus Verlag, 1988, S. 99.

lung ausgeschlossen und inter- und intrainfrastrukturelle Koppelung nicht erreichbar. Dieses

> „Sichüberschneiden in den Elementen bezeichne[t] einen wechselseitigen Beitrag zur selektiven Konstitution der Elemente, der dann im Ergebnis zu einem solchen Überschneiden führt. Entscheidend ist, daß die Komplexität [...] sich erst im Hinblick auf [...] Systeme entwickeln kann und zugleich durch [...] Systeme benutzt wird, um ihr, wenn man so sagen darf, Handlungen zu entziehen, die den Bedingungen [der] Kombinatorik genügen."[198]

Insofern kann Komplexität als selektive Verknüpfung einer Vielzahl von Elementen definiert werden.[199] Wenn kein Bezugspunkt vorhanden ist und Komplexität hinzutritt, sind sämtliche Verfahren, die das Eintreten oder Nichteintreten von Ereignissen berechnen,

> „problematisch [da], eindeutige und generalisierbare Kriterien für Entscheidungen unter Ungewißheit anzunehmen und eine auf subjektiven Schätzungen basierende Entscheidungsgrundlage unbefriedigend bleibt. [Es] gelten [...] objektive [...] Wahrscheinlichkeiten als unumstrittene Orientierungspunkte für Entscheidungen unter Risiko. Um das strukturelle Entscheidungsdilemma unter Ungewißheit aufzulösen, müssen im Kern irreduzible Ungewißheiten absorbiert und in berechenbare Risiken transformiert werden: Qualitativ abschätzbare Ereignisse werden mit Wahrscheinlichkeiten versehen und somit quantifiziert."[200]

Zur Quantifizierung von Risiken setzen politische Institutionen auf die Einrichtung von Kommissionen, als Bedingung zur Entpolitisierung von Entscheidungen. Die Einbeziehung einer größeren Anzahl von Beteiligten erhöht aber nur die Anzahl möglicher Standpunkte. Die Multiplikation von Standpunkten zur Abschätzung von Wahrscheinlichkeiten führt wiederum zur Erweiterung des Entscheidungsraumes. Dem steht jedoch entgegen, dass

> „questions that are asked are only limited by concern, not by technology. Technology plus statistics have enriched the idea of normal bad luck by adding the question of what ought to be normal."[201]

---

[198] Luhmann, Niklas, Soziale Systeme, Frankfurt am Main, Suhrkamp, 1984, S. 292.

[199] Luhmann definiert Komplexität als „selektive Verknüpfung einer Vielzahl von Elementen" und betrachtet diesen Topos damit aus einer individualistisch-handlungstheoretischen Perspektive. Diesem soll hier nicht gefolgt werden, da der Fokus auf technischen Prozessen liegt. Vgl. Luhmann, Niklas, Soziale Systeme, Frankfurt am Main, Suhrkamp, 1984, S. 291.

[200] Krücken, Georg, Gesellschaft / Technik / Risiko, Bielefeld, Kleine Verlag, 1990, S. 47.

[201] Douglas, Mary, Wildavsky, Aaron, Risk and Culture, Berkeley, Univeristy of California Press, 1982, S. 32. "Risk analysis was developed as an objective tool for engineers and statesmen who needed more facts. They asked for objective facts. Objectivity means preventing subjective values from interfering with the analysis. Put the figures in, work out the probabilities, crank the handle, and the answers will come out. We have already noted the shapes of risk analysis in its various forms. There is the delusion that assigning probabilities

Hinzu kommt, dass Risikokalkulationen nur für Systeme durchgeführt werden können, die unter eigener Kontrolle stehen. Eine Einbeziehung fremder Systeme ist, aus Unwissenheit über deren Aufbau, gänzlich unmöglich. Wie im weiteren Fortgang gezeigt werden wird, erfüllen kaskadierende Fehler auch das Kriterium des Übergreifens von Fehlern aus anderen Systemen. Dies führt zu der Annahme, dass sämtliche Risikoabschätzungen, von einer Gesamtperspektive aus betrachtet, Kalkulationen mit äusserst wenigen Datenpunkten sind. Diese Kalkulationen sind auf frühindustriell-lineare Risiken bezogen.[202] Deckungsobergrenzen, von Versicherungen angewandt, können als Signifikator für die Unkalkulierbarkeit von Risiken gelten und dienen dem eigenen Risikoschutz vor fremden Gefahren. Versicherungen haben erkannt, dass

> „alle Erfahrungen [darauf hin deuten], dass Versuche der Verwissenschaftlichung, der Präzisierung von Kausalverläufen, der immer raffinierteren Auswahl von Messtechniken und statistischen Verfahren kontraintuitive Effekte haben. Sie multiplizieren nur die Gesichtspunkte, in denen man verschiedener Meinung sein kann."[203]

Aber nicht nur betriebsspezifische Eigenschaften unterliegen einem radikalen Wandel und vermehren die Möglichkeit von Meinungsverschiedenheiten. Auch politische und strategische Konzeptionen zum Schutz der Gesellschaft bedürfen einer Neukonzeption. Bisher behandelte Determinanten, beginnend mit der technischen Veränderung der Infrastruktur durch die Vernetzung einzelner Sektoren, subinfrastrukturelle Abläufe, ebenso wie Umwälzungen in sozialen Bereichen durch Privatisierung, Änderung und Nichtwahrnehmung von Risiko, machen dies nötig. Diese umspannen eine breite Palette an Themen. Angefangen bei neuen Vorsorgemodellen über die Aufrechterhaltung aktueller gesellschaftlicher Solidarität bis hin zu militärischer Sicherheit sind durch die bisher dargestellten Entwicklungen neue Konzepte notwendig. Um die Sicherheit informationsbasierter Gesellschaften gewährleisten zu können bedürfen vorhandene Militärstrategien einer Ergänzung. Dies ist notwendig, da sich das strategische Umfeld gravierend verändert hat unter den bisherigen Bedingungen des Internationalen Systems, in dem sich zwei Nuklearmächte, die sich durch gegenseitig gesicherte Auslöschungsfähigkeit in Schach hielten, gegenüberstanden war nukleare Abschreckung eine adäquate Möglichkeit Stabilität zu gewährleisten. Diese Konfiguration des internationalen Systems hat sich nicht entscheidend verändert, da die Anzahl atomarer Raketen nicht signifikant reduziert worden ist. Was sich verändert hat sind zum einen die Per-

---

is a value-free exercise. Far from being objective, the figures about probabilities that are put into the calculation reflect the assigner's confidence that the events are likely to occur." aaO., S. 71.

[202] Beck, Ulrich, Risikogesellschaft – Die organisierte Unverantwortlichkeit, Aulavorträge 47, Hochschule St. Gallen, 1989, S. 10.

[203] Luhmann, Niklas, Risiko und Gefahr, Aulavorträge 48, Hochschule St. Gallen, 1989, S. 29. Erstaunlich warum Versicherungen diese bereits von Hume geprägte Erkenntnis, in den Sozialwissenschaften bis heute eine absolute Mindermeinung, umsetzen können.

zeptionen vormaliger Kontrahenden, die einen Krieg unter Einbeziehung nuklearer Fähigkeiten unwahrscheinlicher denn je erscheinen lassen. Zum anderen sind weitere Bedrohungen durch zusätzliche Akteure, strategische Informationskriegsführung und Verwundbarkeiten von Infrastrukturen hinzu gekommen.[204] Im Weiteren werde ich auf Grundlagen strategischer Informationskriegsführung eingehen und diese mit Bedingungen der Abschreckungtheorie verbinden.

---

[204] "A "grey area" is taking shape, blurring the distinction between internal and external security issues, and between criminal and strategic threats. As this happens, the strategic concepts that were developed in the first forty years of the nuclear age will no longer apply." Guèhenno, Jean-Marie, The Impact of Globalisation on Strategy, Survival, Vol. 4, No. 4, Winter 1998-99, S. 10.

Information Warfare

Strategische Informationskriegsführung kann konzeptionell mit konventioneller und nuklearer Kriegsführung auf eine Stufe gestellt werden. Gründe dafür sind die Signifikanz von Informationen in Friedens- und Kriegszeiten, „Command und Control" Systeme die zu primären Zielen werden und Auswirkungen auf gesellschaftliche Prozesse. Informationskriegsführung kann unterteilt werden in Informationsoperationen und „Command und Control Warfare" (C2W).[205] Informationsoperationen umfassen operative Operationen (PsyOps) wie zum Beispiel „Commando Solo" Einsätze des amerikanischen Militärs zur psychologischen Beeinflussung Dritter in „Theaters of Conflict", Täuschungsoperation und Absicherung der eigenen Operationsführung. „Command und Control Warfare" umfasst elektronische Kampfführung (Electronic Warfare) und physische und virtuelle Zerstörung informationsverarbeitender Komponenten. Unterscheiden lassen sich Informationsoperationen von C2W dadurch, dass bei ersteren Information als Waffe eingesetzt wird und bei letzterem Information (-ssysteme) das Ziel eines Angriffes ist. Weiter lassen sich beide in offensive und defensive Maßnahmen unterteilen. Offensive Informationsoperationen sind PsyOps und Täuschungsoperationen, defensiv ist die Absicherung der eigenen Operationsführung. Defensive C2W können Angriffe auf Informationssysteme sein, um einen Angriff zu verhindern oder zu minimieren. Ebenso wie die beste Defensivwaffe gegen einen Panzerangriff Panzer sind, ist für C2W als Abwehr C2W am besten geeignet. Andere Möglichkeiten, virtuelle Angriffe zu unterbinden, steht nicht zwangsläufig zur Verfügung. Sind Identifikation und Lokation des Angreifers nicht möglich kann auch kein Gegenschlag unternommen werden. Dies stellt ein häufiges Charakteristikum von Angriffen in virtuellen Infrastrukturen dar. Insoweit ist es fraglich, ob Russland einen mittels informationsbasierter Kriegsführung unternommenen Angriff überhaupt nuklear beantworten kann.

Meine weitere Abhandlung konzentriert sich auf C2W mit der Erweiterung von Angriffen nicht nur auf informationsverarbeitende Systeme sondern darüber hinaus auf Systeme, die durch Informationsverarbeitung andere Aufgaben erfüllen. Dadurch ist die gesamte in diese Arbeit einbezogene Infrastruktur enthalten. Angriffe auf Infrastrukturen können nicht unter den Begriff C2W gefasst werden, da nicht nur „Command und Control" Systeme betroffen sind. Insofern kann ein Angriff auf nicht ausschließlich informationsverarbeitende Infrastrukturen als „Command, Control und Infrastructure Warfare" (C2IW) bezeichnet werden. Diese begriffliche Erweiterung wurde bisher noch nicht vorgenommen, ist aber auf Grund der Angreifbarkeit von

---

[205] Anderer Ansicht sind Drechsler, Karl-Heinz, Lünstedt, Gerd, Lacroix, Bernhard, Informations-Operations, Cyberterrorismus und die Bundeswehr, Vierteljahresschrift für Sicherheit und Frieden, Heft 2, Jahrgang 18, 2000, S. 132.

Infrastrukturen durchaus gerechtfertigt. Neben der Verwundbarkeit von Infrastrukturen sprechen weitere Gründe für informationsbasierte Angriffe. Die Ratio für Akteure, die mit geringen Ressourcen ausgestattet sind, C2IW einzusetzen, entspringt aus der militärischen Überlegenheit informationsbasierter Gesellschaften, da es taktisch desaströs ist, diese an Stellen oder mit Mitteln anzugreifen, die ihre stärksten Punkte darstellen. So ist ein konventioneller oder atomarer Angriff auf informationsbasierte Gesellschaften in der Regel Vorbedingung einer Niederlage:[206]

> „Much better therefore to concentrate on [their] weakest parts, systematically chopping off limb after limb until the remainder of the body is left defensless."[207]

„Third Wave Societies" sind durch einen hohen Grad technologischer mit gesellschaftlicher Verzahnung gekennzeichnet. Dies unterscheidet sie von „First und Second Wave Societies" grundsätzlich, da beide Gesellschaftsformen ein geringes – oder gar kein - Maß an Vernetzung technologischer mit gesellschaftlichen Prozessen besitzen. Insofern ist nur eine geringe Anzahl von Zielen vorhanden, die mit der steigenden Entwicklung einer Gesellschaft zunehmen. Informationsbasierte Kriegsführung ist folglich vermehrt gegen „Third Wave Societies" möglich. Aber diese Art der Kriegsführung ist nicht nur gegen einen spezifischen Gesellschaftstyp möglich, sondern es ist auch am rationalsten, gegen informationsbasierte Gesellschaften auf diese Weise vorzugehen. Trägt ein Angreifer informationsverarbeitende Systeme Schicht für Schicht ab, ist ab einem bestimmten Punkt keine Möglichkeit mehr vorhanden konventionellen Angriffen zu widerstehen oder auch gesellschaftliche und wirtschaftliche Prozesse aufrecht zu erhalten.

Desweiteren können Gesellschaftstypen spezifische Konfliktaustragungsmechanismen zugeschrieben werden. Nationen, die erst kürzlich oder noch nicht in der Lage waren einen Staat zu gründen, haben keinen regulären militärischen Apparat und sind deswegen auf andere Organisationsformen und -mittel zur Austragung von Konflikten angewiesen. Dies können ebenso terroristische Akte wie auch kleinere konventionelle Kriege stabilisierter de-facto Regime sein. Denkbar sind aber auch informationsbasierte Angriffe, sobald mindestens ein Konfliktpartner der dritten Welle angehört. Asymmetrie zwischen den Konfliktparteien wendet sich gegen die mit einem höheren Maß an Technologie ausgestattete Gesellschaft, da neben erschwerten Bedingungen

---

[206] "Americans' mastery in new warfare [...] will make it increasingly foolish to take them on in a high-intensity shooting war, as Saddam Hussein did.", Rothkopf, David J., Cyberpolitik: The Changing Nature of Power in the Information Age, Journal of International Affairs, Vol. 51, No. 2, Spring 1998, S. 346.

[207] Van Crefeld, Martin, The Transformation of War, New York, Maxwell Macmillan International, 1991, S. 115.

für Abschreckung wirtschaftliche und gesellschaftliche Bereiche nicht adäquat geschützt werden können:[208]

> „a sophisticated power could pound unmercifully the infrastructure of a lesser power with comparatively less relative effect on national will and capability to wage war. A more primitive or less-developed society simply is less reliant on such systems, both physically and psychologically."[209]

Die andere Seite dieser Asymmetrie ist, dass

> "the concept of netwar is useful only to the degree that it conveys a new form of warfare. To consider societal connectivity a useful target, a society must be dependent enough on these networks to make their loss important. Thus, nomadic, feudal, or even moderately industrialized societies that show little signs of network characteristics are not likely targets for offensive netwar operations."[210]

Informationsbasierte Gesellschaften sind somit sowohl im militärischen als auch zivilen Bereich asymmetrisch gegenüber „First und Second Wave Societies" im Nachteil, sollte ein Konflikt auf das Territorium der mit mehr Ressourcen ausgestatteten Partei getragen werden. Auch wenn sich der ursprüngliche Kriegsschauplatz nicht innerhalb der Grenzen informationsbasierter Gesellschaften befindet, kann der Ausgang der Kampfhandlungen durch Angriffe auf Anlagen auf dem Territorium dieser mit entschieden werden, da psychologische Faktoren den gesellschaftlichen Zusammenhalt erodieren lassen und technische Systeme Kampfhandlungen unterstützen müssen.[211] Kumulativ kann Ziel eines Angriffes auf Infrastrukturen sein

> „to deter (or coerce) an intervention, to degrade [...] power projection capabilities, to punish [...], or to undermine the support of the [...] public for the conflict."[212]

Dies führt zu einem Wandel in den Zielen im Vergleich zu früheren Konflikten und kann die Handlungsfähigkeit informationsbasierter Armeen auf

---

[208] Die Revolution in Military Affairs ermöglicht zwar Battlespace Dominance in Theaters of Conflict, erhöht aber auch die Abhängigkeit gegenüber Infrastruktur. Das "Pentagon relies on commercial telecommunications for 95% of its information traffic." Freedman, Lawrence, The Revolution in Strategic Affairs, Adelphi Papers, Oxford, Oxford University Press, 1998, S. 52.

[209] Dearth, Douglas H., in: Campen, Alan D., Dearth, Douglas H., Cyberwar 3.0: Human Factors in Information Operations and Future Conflict, Fairfax, AFCEA International Press, 2000, S.205.

[210] Harknett, Richard J., Information Warfare and Deterrence, Parameters, US Army War College Quarterly, Vol. XXVI, No. 1, Spring 1996, S. 96.

[211] "Information, information processing, and communications networks are at the core of every military activity." Joint Vision 2020, Joint Chiefs of Staff, Director for Strategic Plans and Policy, US Government Printing Office, www.dtic.mil/jv2020, S. 8, [1.8.2002].

[212] Anderson, Robert H., Feldman, Phillip M., Gerwehr, Scott, Houghton, Brian, Mesic, Richard, Pinder, John D., Rothenberg, Jeff, Chiesa, James, Securing the U.S. Defense Infrastructure: A Proposed Approach, Santa Monica, Rand, 1999, xiii.

Grund asymmetrischer Abschreckung einschränken. Militärische und zivile Anlagen müssen aber auch nicht länger direkt angegriffen werden. Ein Angriff auf informationsbasierte Infrastrukturen degradiert diese Anlagen mittelbar oder schneidet sie von anderen Anlagen, die sie für ihre Funktionsfähigkeit benötigen, ab. Schutz durch Abschreckung vor mittelbaren Angriffen ist ungleich schwerer zu bewerkstelligen, da diese Infrastrukturen global erreichbar sind und durch ihre netzbasierte Struktur wesentlich größere Angriffsflächen bieten. Infrastruktureinrichtungen werden durch ihre Erreichbarkeit und Effektivität der Zerstörung primäre Angriffsobjekte. Auswirkungen informationsbasierter Kriegsführung sind die Entziehung der Unterstützung von Armeen in einem Theater of Conflict oder richten sich gegen zivile, militärische und wirtschaftliche Anlagen auf dem Territorium informationsbasierter Gesellschaften.[213] Materielles Ziel eines Angriffes auf Informationssysteme kann die Degradation der Performanz regulärer Armeen oder die Störung wirtschaftlicher und sozialer Prozesse, die von diesen Informationssystemen abhängig sind, sein.[214]

Konflikte mit asymmetrischer Ressourcenverteilung können informationsbasiert geführt werden, da die benötigten Technologien relativ einfach zu erlangen sind, Proliferationskontrolle unmöglich[215] ist und die zu erzielenden Effekte klassischen terroristischen Strategien entsprechen:

> „Curious combinations of premodern and postmodern elements will appear in antagonists' ideologies, objectives, doctrines, and organizational designs."[216]

Welcher Kategorie Angriffe zuzuteilen sind, ist a priori nicht zu ermitteln, da der Kontext sowohl eine militärisch motivierte Ausschaltung gegnerischer Systeme als auch Erpressung oder Wirtschaftsspionage sein kann. Angriffe auf militärische Systeme sind eher als Kriegshandlungen einzuordnen, können

---

[213] Schleher, Curtis, Electronic Warfare in the Information Age, Norwood, Artech House Inc., 1999, S. 3. „IW is a broad concept, embraced by the military, whose objective is to control the management and use of information to provide military advantages. Information-based warfare is both offensive and defensive in nature – ranging from measures that prohibit adversaries from exploiting information to corresponding measures to assure the integrity, availability, and interoperability of friendly information assets. Information-based warfare is also waged in political, economic and social arenas and is applicable over the entire national security spectrum under both peacetime and wartime conditions."

[214] Anzunehmen ist, dass das amerikanische Militär die verbleibenden 5% Kommunikationskanäle, die nicht von privatisierten Betreibern zugekauft werden als Notreserve für die Aufrechterhaltung ihrer Battlespace Dominanz zur Verfügung halten. Ob diese Strategie, sofern dies so ist, erfolgversprechend ist, kann nur unter realen Bedingungen eruiert werden.

[215] "Technology control regimes for unclassified software and microelectronics will be virtually impossible to police." Libicki, Martin C., The Meash and the Net, Speculations on Armed Conflict in a Time of Free Silicon, McNair Paper 28, Washington D.C., National Defense University 1994, S. 100.

[216] Arquilla, John, Ronfeld, David, in: Arquilla, John, Ronfeld, David (eds.), In Athena's Camp, Preparing for Conflict in the Information Age, Santa Monica, Rand 1997, S. 4.

jedoch auch von Einzelnen unternommen werden. Diese Systeme unterliegen auch in Friedenszeiten ständigen Angriffen[217] und sind auf das öffentliche Telefonnetz[218] angewiesen, was eine Trennung ziviler und militärischer ebenso wie punktueller und netzbasierter Infrastruktur hinfällig werden lässt.

Weiter zu differenzieren ist zwischen strategischen und taktischen Angriffen. Taktische Angriffe werden im Kontext wirtschaftlicher Konfliktaustragung Anwendung finden, können jedoch durch unvorhersehbare Folgen, wie kaskadierende Effekte, ein ungewollt strategisches Ausmaß erreichen. Somit sind Differenzierungen zwischen strategischen und taktischen Angriffen nicht sicher zu treffen. Reaktionen gegen taktische Angriffe, die ungewollt auf eine strategische Ebene eskalieren, sind äusserst schwer zu kalkulieren und durchzuführen. Gänzlich andere Präsumptionen der in Interaktion stehenden Akteure verhindern adäquate Handlungsweisen. Unintendiertheit macht den Angreifer unabschreckbar. Ähnliche Veränderungen für die Sicherheit der Gesellschaft, die sich auf die strategischen Konzepte auswirkte, wurden von Albert Wohlstetter vor über 40 Jahren festgestellt:

> „Matching weapons, however, misconstrues the nature of the technological race. Not, as is frequently said, because only a few bombs owned by the defender can make aggression fruitless, but because even many might not."[219]

Die Feststellung dieser neuen Relation zog einen „Conceptual Change" nach sich der weite Teile der amerikanischen Militärstrategie erfasste. Das gleiche Charakteristikum besitzt die Informationsrevolution. Nicht eine Vielzahl technisch-militärischer Systeme ist ausschlaggebend um Angriffe durchführen zu können. Ausreichend ist eine geringe Anzahl effektiv eingesetzter Mittel.[220]

---

[217] "The Department of Defense's computer systems are being attacked every day. Although Defense does not know exactly how often hackers try to break into its computers, the Defense Information Systems Agency (DISA) estimates that as many as 250,000 attacks may have occurred last year. According to DISA, the number of attacks has been increasing each year for the past few years, and that trend is expected to continue. Equally worrisome are DISA's internal test results; in assessing vulnerabilities, DISA attacks and successfully penetrates Defense systems 65 percent of the time. Not all hacker attacks result in actual intrusions into computer systems; some are attempts to obtain information on systems in preparation for future attacks, while others are made by the curious or those who wish to challenge the Department's computer defenses. For example, Air Force officials at Wright-Patterson Air Force Base told us that, on average, they receive 3,000 to 4,000 attempts to access information each month from countries all around the world.", Brock, Jack L., Jr., Computer Attacks at Department of Defense Pose Increasing Risks, http://www.gao.gov/archive/1996/ai96092t.pdf, [1.8.2002].

[218] Anderson, Robert H., Feldman, Phillip M., Gerwehr, Scott, Houghton, Brian, Mesic, Richard, Pinder, John D., Rothenberg, Jeff, Chiesa, James, Securing the U.S. Defense Infrastructure: A Proposed Approach, Santa Monica, Rand, 1999, S. 19.

[219] Wohlstetter, Albert, The Delicate Balance of Terror, http://www.rand.org/publications/classics/wohlstetter/P1472/P1472.html, [15.7.2002].

[220] „Most modern crew-operated weapons – including specifically the most powerful and sophisticated among them – are dinosaurs. Like them, they are doomed to disappear, and,

Erfolgt ein gezielter Einsatz dieser Mittel gegen die Systeme informationsbasierter Gesellschaften sind unabschätzbare Folgen zu zeitigen.

Neben dem Schutz eigener oder der Degradation fremder Systeme kann auch Spionage und eine Veränderung von fremden Informationssystemen unternommen werden. Akteure können hierbei Staaten, substaatliche Akteure, Unternehmen und Individuen sein. Somit ist das gesamte Spektrum von Individuen bis zu Staaten in der Lage, Informationskriegsführung in unterschiedlichem Ausmaß anzuwenden. Selbst Individuen sind somit in der Lage, Handlungen mit strategischem Ausmaß zu tätigen.[221] Vorteil eines strategischen Informationsangriffes können zum einen die Anonymität für den Angreifer, zum anderen die zunächst nicht eindeutige Identifizierbarkeit, ob überhaupt ein Angriff stattfindet und welches Ausmass dieser hat, sein.[222] Darüber hinaus sind keine Vorwarnzeiten vorhanden und Angriffe können, zum Beispiel durch Implementationen in COTS Produkten, beliebig lange vorbereitet werden, ohne dass dies feststellbar wäre. Ebenso ist nicht immer eindeutig ermittelbar, inwieweit ein Angriff von ausserhalb oder von dem Territorium des Angegriffenen unternommen wurde, was eine Grenzziehung zwischen innerer und äußerer Sicherheit weiter erschwert. Die virtuelle Erreichbarkeit nahezu aller Infrastrukturen verhindert ein geografisches Perimeter und kann als „Death of Distance" bezeichnet werden. Geostrategische Überlegungen zu virtuellen Angriffen auf Infrastrukturen können somit nicht vorgenommen werden, da kein feststehender Raum identifizierbar ist und die Mittel für solche Angriffe frei verfügbar sind. Folglich stellen die Möglichkei-

---

the process is already well underway. During World War II the United States produced up to 100,000 aircraft in a single year. Today the USAF, despite being the richest organization of its kind anywhere, can scarcely afford to buy more than 100 fighters annually." Van Crefeld, Martin, The Transformation of War, New York, Maxwell Macmillan International, 1991, S. 208.

[221] In diesem Kontext sei auf einen Angriff auf Finanzabrechnungssysteme verwiesen. Sollte ein derartiger Angriff erfolgreich verlaufen sind nicht vorhersehbare Schäden möglich. Diese Schäden können eine strategische Schwelle erreichen, da Systeme die den Kern internationaler Zahlungsabwicklung bilden erreichbar sind. Fällt eines dieser Systeme aus können keine Transaktionen mehr durchgeführt werden. Eventuell werden Güterströme unterbunden. „While some of these attacks may have serious consequences in the form of significant losses of data, interrupted services, or stolen assets or services, only a small number of these lone perpetrator attacks are likely to have potential strategic consequences. This is not to say that it is impossible that some set of circumstances would result in the snowballing of one of these hacker attacks into a national security concern, but rather that this outcome is unlikely.", http://www.ndu.edu/inss/books/diw/ch6.html, [10.8.2002].

[222] "This feature of warfare presents fundamentally new problems in a cyberspace environment. A basic problem is distinguishing between attacks and other events, such as accidents, system failures, or hacking by thrillseekers. The main consequence of this feature is that the United States may not even know when an attack is under way, who is attacking, or how the attack is being conducted." Molander, Roger C., Riddile, Andrew S., Wilson, Peter A., Strategic Information Warfare: A New Face of War, Parameters, Vol. XXVI, No. 1, Spring 1996, S. 88.

ten informationsbasierter Kriegsführung neben gänzlich neuen Anforderungen an Verteidigunsstrategien auch neue Mittel der Kriegsführung bereit.

Mittel strategischer Informationskriegsführung

Im Weiteren werde ich auf Mittel zur Durchführung von Angriffen eingehen. Diese Mittel können nicht erschöpfend dargestellt werden, da ebenso Schwachstellen ständig neu auftreten wie neue Angriffsmethoden entwickelt werden. Mittel strategischer Informationskriegsführung können bereits Viren und trojanische Pferde sein:

> „Small information-warfare campaigns are quite common-place: the mischievous hacker trying to alter examination marks or bank accounts [or] the manic inventor of viruses."[223]

Fortgeschrittenere Angriffsmethoden nutzen bewußt implementierte[224] oder zufällig entdeckte Fehler in COTS Produkten, überwinden Sicherungen in Computersystemen die nicht nur dem Militär für „Command und Control" dienen und zerstören oder verändern Informationen[225]. Virtuelle Angriffe können auf unterschiedliche Weise vorgetragen werden. Je nach Art und Weise des Angriffs sind unterschiedliche Folgen zu zeitigen.

Viren, die primär Privatanwender und Internetserver treffen, können Schäden in mehrstelliger Milliardenhöhe verursachen, aber auch Teile der Ökonomie, wie just-in-Time Lieferung, die über Datennetze koordiniert wird, treffen. Trojanische Pferde, die in einem legitimen Programm beinhaltet sind, sind zielgenauer und können somit tiefer in digitale Prozesse und Systeme eindringen, was das Schadensniveau ansteigen lässt. Neben der Möglichkeit zerstörerischer Wirkung können dadurch allerdings auch Informationen an nichtlegitimierte Dritte weitergeleitet werden, ohne den Betrieb der Systeme beeinträchtigen zu müssen. Dadurch können Spionage für Informationsoperationen betrieben oder auch ein späterer Angriff vorbereitet werden. Ein weiteres Angriffsmittel ist die Nutzung fremder Systeme, die, durch trojanische Pferde ferngesteuert, koordiniert spezifische Systeme angreifen. Diese überlasten vorher ausgewählte Systeme gezielt mit Anfragen oder Daten. Folge ist der Zusammenbruch der Verarbeitungskapazität der angegriffenen Systeme. Diese als DDoS bezeichneten Angriffe können zahlenmässig beliebig ausgebaut werden und sind lediglich von der Anzahl unter eigener Kontrolle stehender fremder Systeme abhängig. Insofern hängt der Umfang eines An-

---

[223] Freedman, Lawrence, The Revolution in Strategic Affairs, Adelphi Papers 318, Oxford, Oxford University Press, 1998, S. 54.
[224] "Unter Chipping versteht man das Einfügen verborgener Funktionen bereits auf einem Chip." Cerny, Dietrich, in: Geiger, Gebhard (Hrsg.), Sicherheit in der Informationsgesellschaft, Baden-Baden, Nomos, 2000, S. 28.
[225] "Manipulation of [...] records could effectively change one's wealth or even one's identity." Molander, Roger C., Riddile, Andrew S., Wilson, Peter A., Strategic Information Warfare: A New Face of War, Parameters, Vol. XXVI, No. 1, Spring 1996, S. 103.

griffes nicht von der Anzahl eigener Mittel sondern der Kontrolle fremder Systeme ab und kann dadurch mit geringen Kosten enorm ausgeweitet werden. Eine Rückverfolgung des Angreifers ist nicht möglich, da dieser fremde Systeme verwenden kann. Angriffe auf die Angreifer, um diese zu unterbinden, trifft nicht die eigentlichen Verursacher sondern Dritte, von denen zwar der Angriff ausgeht, die mit diesem aber in keinem Zusammenhang stehen, außer dass ihre eigenen Systeme mißbraucht werden. Die Verursacher sind nach wie vor in der Lage, weitere Systeme zur Verlängerung oder Ausweitung eines Angriffes zuzuschalten. Gegenangriffe im Sinne von Notwehr auf angreifende Systeme können diese degradieren und weitere Prozesse oder andere Systeme beeinträchtigen. Diese Angriffe können sich gegen ein breites Spektrum von Anlagen richten. Zu denken ist in diesem Kontext an Finanzclearingsysteme, Austauschpunkte unterschiedlicher Netze aber auch Root Domain Name Server (DNS). Letztere verwandeln Domainnamen in korrespondierende IP-Adressen, über die Computersysteme topologisch erreichbar sind. Fallen mehrere dieser weltweit dreizehn Server aus, ist ein Totalausfall des World Wide Web und des Email Verkehrs zu zeitigen, da Domainnamen nicht länger umgewandelt werden können. Problematisch ist in diesem Kontext, dass alle dieser Server mit dem gleichen Betriebssystem betrieben werden und ein implementierter oder zufällig auftauchender Fehler einen leichten Angriffspunkt bietet. Mittels ein und derselben Angriffsart können so sämtliche Rechner, auf Grund homogener Verwendung eines Betriebssystems, binnen kurzer Zeit ausser Kraft gesetzt werden. Allerdings könnte, sollte sich Homogenität der Betriebssysteme ändern auch ein DDoS Angriff mit gleichem Ergebnis Erfolg versprechen.

Angriffe auf Knotenpunkte zum Datenaustausch sind Ziele erster Wahl, da diese Flaschenhälse innerhalb des Netzwerkes darstellen und eine breite Anzahl unterschiedlichster Dienste abwickeln. Analog zu der bereits bei der Elektrizitätsinfrastruktur beschriebenen regionalen Verteilung von Austauschpunkten, sind in den Vereinigten Staaten vier Hauptaustauschpunkte für die Informationsinfrastruktur vorhanden.[226] Neben diesen stehen MAN Austauschpunkte zur Verfügung, die für überregionalen Datenaustausch auf erstere angewiesen sind. Fällt einer der Hauptaustauschpunkte aus, sollte der Datenverkehr mit unwesentlicher Verzögerung weiterhin ablaufen können, da es sich, wie bei den Netzwerktopologien beschrieben, um verteilte Datenkommunikation handelt. Fallen mehrere Hauptaustauschpunkte aus, werden die Kapazitäten der übrigen Austauschpunkte überlastet und der Datenverkehr kommt vollständig zum Erliegen. Dann sind nicht spezifische Dienste, wie bei einem Angriff auf die DNS Server, sondern eine vollständige Degradation der Kommunikationsinfrastruktur zu zeitigen.

Neben Angriffen dieser Art besteht die Möglichkeit, Datenbestände zu verändern. So würde eine Manipulation der Daten in den Root Servern des

---

[226] http://www.mae.net/mae_services1.htm, [1.8.2002]; http://www.ep.net/, [1.8.2002].

Domain Namen Systems ähnliche Effekte zeitigen, wie ein Ausfall von Hauptaustauschpunkten. Zurückzuführen ist dies auf Anfragen, die nicht zielführend weitergeleitet werden, was weitere Anfragen und damit Datenverkehr nötig macht. Dieser Datenverkehr erhöht sich mit jeder weiteren Anfrage, was eine Überlastung der gesamten Infrastruktur nach sich zieht. Ebenso können SCADA Systeme angegriffen werden.[227] Diese steuern neben Staustufen, Dosierung chemischer Zusatzstoffe für Kläranlagen, Pipelines und Umspannstationen auch Flugsicherungssysteme. Finanzabrechnungssysteme sind auf Grund ihrer Relevanz und Erreichbarkeit für informationsbasierte Gesellschaften in Bezug auf einen Angriff ebenso lohnenswert:

> "Disrupting these economies by attacking the financial institutions should reduce the overall power of the nation and influence the system to change."[228]

Diese Abrechnungssysteme eignen sich in besonderer Weise, da nahezu alle wirtschaftlichen Transaktionen, angefangen von einer EC-Karten Zahlung bis hin zu Transaktionen in mehrstelliger Milliardenhöhe, über diese Systeme abgewickelt werden. Ziele können, müssen aber nicht selektiert werden. So kann ein Angriff auf Geschäfts- oder Zentralbanken, Börsen oder auch nichtmaterialisierte Gegenstände wie Auslandsschulden durchgeführt werden.[229] LVTS Systeme verwenden, wie erwähnt, standardisierte Nachrichtenformate und können selbst über das Internet bedient und erreicht werden.[230] Neben singulären Angriffen sind koordinierte Angriffe auf mehrere Systeme denkbar und von den Schadenswirkungen mit kaskadierenden Fehlern vergleichbar. Ebenso können physische Angriffe zum Beispiel durch Zerstörung von Kommunikationsleitungen als Informationskriegsführung gelten, da die angegriffenen Objekte der Informationsinfrastruktur zuzurechnen sind. Generell sind virtuelle Angriffe verheerender als physische Zerstörung von Anlagen, da erstere unsichtbar sind, gezielte Gegenmaßnahmen deswegen ausscheiden und eine Vielzahl weltweit verteilter und verwundbare Systeme vorhanden ist. Ein physischer Angriff kann im Gegensatz dazu in relativ kurzer Zeit lokalisiert werden. Sämtliche der eben dargestellten Mittel sind kombinierbar und die Wirkung und Schäden steigern sich exponentiell mit hinzunahme weiterer Mittel. Insoweit ist ersichtlich geworden, dass ein breites Spektrum möglicher Angriffspunkte und –arten besteht. Im Weiteren werde ich auf Folgen der Möglichkeit strategischer Informationskriegsführung eingehen.

---

[227] http://www.gasindustries.com/articles/gioct98a.htm, [10.9.2002].

[228] Arnold, H. D., Hukill, J., Kennedy, J., Cameron, A., Targeting Financial Systems as Centers of Gravity: "Low Intensity" to "No Intensity" Conflict, Defense Analysis, Vol. 10, No.2, 1994, S. 181.

[229] aaO. S. 184.

[230] https://www2.swift.com/swift/login/login.fcc?TYPE=33554433&REALMOID=06-3b52d846-7de7-0022-0000-064200001642& 2%2eswift%2ecom%2fswift%2fmyprofile, [10.8.2002].

Folgen strategischer Informationskriegsführung

Generelles Problem durch die Opportunität strategischer Informationskriegsführung ist, dass bei Angriffen auf digitale Infrastrukturen unvorhergesehene
Ereignisse die Schadensausmaße potentzieren können. Kaskaden und eskalie-
rende Fehler unterliegen ebenso wie Vernetzungen nichtlinearen Bedingungen:

> „A key point to be made involves the chaotic nature of the transi-
> tion between topological boundaries for infrastructure attacks.
> Chaotic behavior involves a non-linear relationship between input
> and output where prediction becomes extremely difficult if not
> impossible."[231]

Somit potenzieren sich Gefahren und Risiken bei Angriffen unintendiert. Eine
weitere Konsequenz ist, dass konventionelle Abschreckungsstrategie einer
Revision unterzogen werden muss. Zwei weitere Erwägungen sind in diesem
Kontext in die Überlegungen mit einzubeziehen. Zum einen sind neue Akteure in Interaktion mit Staaten getreten, die eine Veränderung der Präferenzord-
nung der Führung dieser Staaten anstreben. Zweitens sind durch die Verwundbarkeit von Infrastrukturen neue Wege und Mittel vorhanden, Angriffe
durchzuführen. Die Abschreckung eines Angriffes ist aus mehreren Bedingungen erschwert. Klassisches Balancing gegenüber diesen Akteuren ist nicht
möglich, da die Vorbereitung eines Angriffes nicht ersichtlich ist. Der Erwerb
der Fähigkeiten, um einen Angriff durchführen zu können, ist im Vergleich zu
anderen militärischen Systemen äusserst gering und die Identifikation, dass ein
Angriff stattfindet, nicht immer zweifelsfrei rechtzeitig möglich. Ebenso können offensive Fähigkeiten, einen Angriff durchzuführen, verborgen bleiben.
Neben diese auf militärischer Ebene anzusiedelnden Bedingungen, tritt zusätzlich die psychologische Konstitution informationsbasierter Gesellschaften,
die durch eine nicht vorhandene Kostentoleranz gekennzeichnet ist. Folge
dieser Bedingungen ist es, dass der Kontext, innerhalb denen Abschreckung
konzeptualisiert werden muss, einem radikalen Wandel unterliegt.

Abschreckung

Generell soll bei jeder Handlung der Abschreckung als Motiv zu Grunde liegt,
Einfluss ausgeübt werden. Abschreckung zielt insofern darauf ab, einem anderen Akteur zu signalisieren, dass er bestimmte Handlungen unterlassen soll,
und dass, sollte er eine dieser Handlungen tätigen, eine Antwort folgen zu lassen, die zumindest das Ziel seiner Aktion zu Nichte macht. Hinzu tritt noch
die Versicherung, wenn sich der Gegenüber daran hält, dass die Drohung

---

[231] Alberts, David, Defensive Information Warfare, National Defense University, 1996,
http://www.ndu.edu/inss/books/diw/ch6.html, [15.4.2002.].

nicht verwirklicht oder das Versprechen eingehalten wird.[232] Diese Konfiguration gilt bei einer symmetrischen Beziehung zwischen den Parteien in Fragen von Krieg und Frieden und kommt zwischen Nationalstaaten zur Anwendung. Im Weiteren will ich zunächst die Grundaxiome der Abschreckungstheorie darlegen, um daraufhin bereits angedeutete konzeptionelle Lücken offen zu legen. Diese Lücken sind durch die Asymmetrie von Akteuren in Verbindung mit Infrastrukturabhängigkeit und Angriffsmöglichkeit aus der Distanz begründet. Obwohl Schelling diese Lücken explizit in seiner Arbeit nicht konzeptualisiert hat[233], wurde Abschreckung zum Werkzeug westlicher Außenpolitik, da das strategische Umfeld damit korrelierte. Dieses Umfeld war in der letzten Dekade weitreichenden Veränderungen unterworfen.

Prinzipien der Abschreckung spiegeln sich in unterschiedlichen Maßnahmen wider. Ziel kann es entweder sein einen Partner zu einer Handlung zu bewegen oder von einer Handlung abzuhalten. Ersteres Prinzip wird als „compellence," letzteres als „deterrence" bezeichnet. Beide Strategien haben für die Akteure unterschiedliche Implikationen:

> „While threats are cheap when they work and expensive when they fail [...], inducements are expensive when they work and cheap when they fail."[234]

Drohnungen und Anreize müssen mit Versicherungen ergänzt werden. Diese sind verbunden mit der Glaubwürdigkeit, seine Worte in Taten umzusetzen. Ziel ist es, eigene Interessen im Wechselspiel mit denen des Partners zu erreichen. Hat ein Staat

> „enough military force [he] may not need to bargain."[235]

Da dies in den wenigsten Situationen der Fall sein wird, sind ständige Verhandlungen und der Austausch von Signalen die Regel. Jedoch genau der Fall in dem ein Staat genügend militärische Mittel besitzt um nicht verhandeln zu müssen, ist, so paradox dies klingt, der problematischere. Asymmetrische Beziehungen zwischen zwei Akteuren unterliegen der Bedingung, dass:

> „poor countries are much less vulnerable than the great powers precisely because they are "underdeveloped," and because technical superiority can be much more a liability than an asset in guerrilla wars."[236]

---

[232] Davis, James W., Threats and Promises, Baltimore, The Johns Hopkins University Press, 2000, S. 26.

[233] Schelling, Thomas C., Arms and Influence, New Haven, Yale University Press, 1966, vii.

[234] Kratochwil, Friedrich V., Rules, Norms, and Decisions, On the Conditions of Practical and Legal Reasoning in International Relations and Domestic Affairs, Cambridge, Cambridge University Press, 1989, S. 70.

[235] Schelling, Thomas C., Arms and Influence, New Haven, Yale University Press, 1966, S. 1.

[236] Arendt, Hannah, On Violence, New York, Harcourt, Brace & World, 1969, S. 9.

Folglich bestehen die größten Probleme, bis hin zur Nichtanwendbarkeit der Abschreckungstheorie, gegenüber Gegnern, die mit nahezu keinen oder äusserst geringen Aktivposten ausgestattet sind, da eine Androhung jedweder Konsequenzen unmöglich ist. Neben strategischer Interaktion besteht die Alternative, den Partner zu verletzen.[237] Da aber Verletzungen nur durch physische Gewaltanwendung durchführbar sind, unterscheidet sie sich grundlegend von dem Einsatz von „compellence" oder „deterrence," da diese auf Nichteinsatz physischer Zwangsmittel abzielen. Insofern kann zwischen Zwang und Gewalt differenziert werden. Zwang wird durch „compellence" oder „deterrence" ausgeübt, Gewalt durch Angriff oder Verteidigung. Voraussetzung sind eigene physische Ressourcen und fremde Ziele, die zerstört werden können. Diese Ziele müssen für den Gegner von hoher Wertschätzung sein, um einen Erfolg durch Androhung oder Durchführung der Zerstörung erzielen zu können. Die Anzahl von Zielen sind dabei in hochentwickelten Staaten generell größer als in gering entwickelten Staaten, was weitere Asymmetrie hervorbringt, da der mit weniger Ressourcen ausgestattete Akteur grundsätzlich mehr Möglichkeiten zur Zerstörung hat und geringere Zerstörung größere Wirkung auf Grund geringerer Kostentoleranz entfaltet.

Desweiteren ist die Glaubwürdigkeit, Versprechen oder Drohungen umzusetzen notwendig, damit der Partner einen Anreiz hat, diesen zu folgen. Glaubwürdigkeit ist unter Bedingungen von Guerillakriegen und „low-intensity" Konflikten nicht zu erzielen, da sich für herkömmliche strategische Optionen in Form von Gewaltanwendung keine Ziele finden und weder „deterrence" noch „compellence," aus gleichem Grund, erfolgversprechend sind. Insofern kann Glaubwürdigkeit nicht erlangt werden. Ebenso kann Signalaustausch bestenfalls auf eine andere Art und Weise erfolgen. Reguläre diplomatische Kanäle sind nicht in gewohntem Umfang vorhanden. Versprechen werden nicht gegeben werden können, um ein gemeinsames Interesse zu erreichen, da keine Basis vorhanden sein wird. Der Einsatz von Gewalt ist wirkungslos, da der Partner keine Werte hat, die er verlieren könnte.[238] Werte oder auch Geiseln, sind aber zur Gewährleistung einer „balance of terror" notwendig:

> „In older times, one committed himself to a promise by delivering his hostages physically into the hands of his distrustful „partner"; today's military technology makes it possible to have the lives of a

---

[237] Schelling, Thomas C., aaO., „In addition to seizing and holding, disarming and confining, penetrating and obstructing, and all that, military force can be used *to hurt*."

[238] "The [...] most significant problem of a deterrence strategy based on "retaliation in kind" is that the attack may not emanate from a state at all. The technology is such that small groups [...] now have a capability that once belonged only to states themselves: in their anonymity they can nonetheless threaten instant societal-wide damage. Deterrence requires that the opponent be identifiable, which may not be the case in netwar." Molander, Roger C., Riddile, Andrew S., Wilson, Peter A., Strategic Information Warfare: A New Face of War, Parameters, Vol. XXVI, No. 1, Spring 1996, S. 105.

potential enemy's women and children within one's grasp while he
keeps those women and children thousands of miles away."[239]

Ein erster Unterschied staatlicher Gemeinschaften gegenüber substaatlichen
Akteuren bezüglich des Austauschs von Gewalt wird erkennbar. Staaten sind
bei Interaktion in der Lage, Geiseln, und sei dies auch die gesamte eigene Bevölkerung, auszutauschen. Dies ermöglicht strategische Stabilität.[240] Im Gegensatz dazu ist ein Austausch von Geiseln bei einem asymmetrischem Verhältnis von Konkurrenten nicht immer möglich. Das Problem besteht darin,
dass ein Akteur weder Gegenstände noch Bevölkerung besitzt, die als Geiseln
konzeptualisierbar wären. Solchen Akteuren kann andererseits Grenzenlosig-
keit in ihren Zielen konstatiert werden. Dies wird im Rahmen der Abschreckungstheorie zuweilen als Irrationalität thematisiert und fällt damit explizit
aus dem Konzeptualisierungsrahmen heraus. Fraglich ist allerdings, ob dies als
Irrationalität bezeichnet werden kann, da es sich aus der Perspektive des mit
geringeren Ressourcen ausgestatteten Akteurs als einzig gangbarer – und damit für ihn rationaler - Weg erweisen kann, um überhaupt in eine Interaktion
eintreten zu können. Verfolgt der schwächere Akteur nicht eine derartige
Strategie, wird er in keine Interaktion eintreten können, da er keinen Akteursstatus zugesprochen bekommt. Nur wenn er in der Lage ist mit weitaus geringeren Mitteln Effekte zu erzielen, besteht die Möglichkeit in eine Interaktion
einzutreten. Dies ist nur über „countervalue" Strategien mit unkonventionel-
len Mitteln zu erreichen. Nichtanerkennung eines Akteursstatus und geringere
Mittel erfordern, dass

„the power to hurt [will be] communicated by some performance
of it."[241]

Folge ist, dass ein Angriff durchgeführt werden muss, da nur so eine Interak-
tionsmöglichkeit initiierbar ist. Aber auch die *power to hurt* soll Schelling zufol-
ge ein Ziel verfolgen:

„To exploit a capacity for hurting and inflicting damage one needs
to know what an adversary treasures and what scares him [...]."[242]

Die Änderung, die in der letzten Dekade eingetreten ist, besteht darin, dass
nicht länger militärische Systeme notwendig sind, um aus einer Distanz von
tausenden von Meilen eine Gesellschaft zu verletzen, da Computersysteme zu
diesem Zweck ausreichend sind. Die technologische Konfiguration von Gesellschaften kann zu Resultaten führen, die bisherige konventionelle Kriegsführung obsolet werden lassen, da mit informationellen Mitteln einfacher, bil-

---

[239] Schelling, Thomas C., The Strategy of Conflict, Cambridge, Harvard Univeristy Press,
1960, S. 239.
[240] Schelling, Thomas C., The Strategy of Conflict, Cambridge, Harvard Univeristy Press,
1960, S. 136.
[241] Schelling, Thomas C., Arms and Influence, New Haven, Yale University Press, 1966,
S. 3.
[242] aaO.

liger und effektiver vergleichbare Ergebnisse erzielt werden können. Kumulativ ist der Erwerb ausreichender konventioneller Fähigkeiten von industriebasierten Nationalstaaten oder substaatlichen Akteuren, um einen erfolgversprechenden Angriff auf informationsbasierte Gesellschaften zu unternehmen, nicht vorstellbar. Der Erwerb eines großen Arsenals nuklearer Fähigkeiten durch diese Akteure ist noch schwerer vorstellbar. Nötig wären nuklear hochangereichertes Material, Beförderungssysteme für Sprengköpfe und weitere nur unter großem Aufwand, wenn überhaupt, zu erlangende Fähigkeiten. Die internationale Proliferationskontrolle stellt eine weitere Hürde dar, die benötigten Komponenten und qualifiziertes Personal zu akquirieren.[243] Folglich ist es unter den gegenwärtigen Bedingungen rational, informationsbasierte Gesellschaften mit informationsbasierter Kriegsführung anzugreifen, da Kosten, Aufwand und zu erzielende Effekte in günstigstem Verhältnis aller möglichen Strategien stehen.

Auf Grund der mangelnden Sichtbarkeit etwaiger Vorbereitungshandlungen, der Unmöglichkeit von Proliferationskontrolle und der Multiziplität möglicher Akteure sind bisherige Axiome der Abschreckungstheorie unter diesen Bedingungen hinfällig. Damit verbunden ist die Annahme, dass es vermehrt zu „low-intensity" Konflikten[244] mit Einsatz informationsbasierter Mittel kommen wird, was nicht heissen soll, dass konventionelle Kriege nicht mehr stattfinden werden. Es wird vielmehr zur Anwendung konventioneller und nicht konventioneller Mittel durch Nationalstaaten einerseits und nicht konventioneller Mittel durch in Gründung befindliche Nationen und substaatliche Akteure andererseits kommen. Hinzu treten bei symmterischen Verhältnissen zwischen Akteuren andere Bedingungen der Abschreckungsmöglichkeit, aber auch Eskalation in konventionelle und atomare Bereiche. Informationsbasierte Gesellschaften wertschätzen die Prozesse die Grundlage ihrer Lebensform sind. Diese setzten sich zusammen aus Strassen bis hin zur Informationsinfrastruktur. Da die Strasseninfrastruktur quasi immun gegenüber Ausfall ist, werden sich Angriffe gegen Infrastrukturen richten, die größere Schäden bei einem Angriff versprechen. Dies sind die Infrastrukturen, die den Schwerpunkt der Abhandlung bildeten und deren Vernetzung über die Kommunikationsinfrastruktur ständig steigt. Kumulativ zu den Lücken in Schelling's Theorie muss man

---

[243] „[...] the number of platforms needed to wage nuclear war – if that is the name for unilateral massacre against which there is no defense – is smaller by perhaps two orders of magnitude that that required for conventional war. The same applies to the number of personnel necessary to operate them, with the result that the sheer size of an armed force no longer represents a significant factor either economically or militarily." Van Crefeld, Martin, The Transformation of War, New York, Maxwell Macmillan International, 1991, S. 19.

[244] „The term low-intensity conflict is relatively new; the phenomenon it desrcibes are not. Throughout its history, the United States has been confronted by adversaries who used inconventional tactics and elusive formations rather than massed fire-power and numerical superiority to achieve politico-military objectives." Thompson, Loren B., in: Thompson, Loren B. (ed.), Low-Intensity Conflict, Lexington, Lexington Books, 1989, S. 1.

„to deter an attack [...] being able to strike back in spite of it. It means, in other words, a capability to strike second."[245]

Unter Umständen kann aber lediglich Erstschlagfähigkeit bei informationsbasierter Kriegsführung gegeben sein, da ein Zweitschlag auf Grund der Degradation der Infrastruktur nicht möglich sein wird. Virtuelle und atomare Zweitschlagsfähigkeit kann unterminiert werden, da die Systeme, die die Kommunikation zur Aufrechterhaltung der gesicherten Zweitschlagsfähigkeit gewährleisten sollen, diejenigen sind, die angegriffen werden können.[246] Im Weiteren soll ein fiktiver informationsbasierter Angriff schematisch dargestellt werden um Hypothesen dieser Arbeit plastisch darzustellen.

---

[245] aaO.

[246] http://www.fas.org/nuke/guide/usa/c3i/meecn.htm, [3.4.2002].

Die Krise

Am 7. Mai trifft bei der Nachrichtenagentur Rutanien Agency Press (RAP) und bei der Regierung von Rutanien eine Email ein. In dieser fordern die Towarie Freedom Fighter (TFF) die Aufnahme von Verhandlungen über einen eigenen Staat binnen 48 Stunden. Eine Antwort der Regierung Rutaniens wird bis zum 8. Mai 0 Uhr erwartet. Sollte bis zu diesem Zeitpunkt keine Antwort vorliegen werde eine erste Maßnahme zur Untermauerung der Forderung durchgeführt. Die Antwort soll auf den Internetseiten der Regierung veröffentlicht werden.

Die RAP nimmt Verbindungen mit der Regierung auf. Zunächst wird strikte Geheimhaltung vereinbart, da die TFF bisher nicht in Erscheinung getreten sind und Forderungen dieser Art häufig bei der Regierung eintreffen. Eine Gefährdung der Sicherheit wird als gering betrachtet, Maßnahmen werden deswegen nicht eingeleitet.

Das Ultimatum der TFF verstreicht am 8. Mai um 0 Uhr.

Am 9. Mai, 3 Uhr befindet sich auf der Homepage der Regierung von Rutanien die Forderung der TFF, Verhandlungen für einen eigenen Staat der Towarie aufzunehmen.

Die Regierung veröffentlicht sechs Stunden später eine Presseerklärung in der sie sich wegen der mangelnden Sicherheitsvorkehrungen ihrer Server entschuldigt, diese zu bessern gelobt und den Einbruch Unbekannten, vermutlich Jugendlichen, zuschreibt.

Bereits um 8 Uhr wurde mit der RAP vereinbart die Informationen bis auf weiteres nicht zu veröffentlichen.

Um 10 Uhr geht eine weitere elektronische Nachricht bei der RAP von Seiten der TFF mit der Forderung ein, diese solle eine angefügte Erklärung bis 12 Uhr desselben Tages auf ihren Internetseiten veröffentlichen. Die RAP informiert die Sicherheitsbehörden Rutaniens.

Am 9. Mai um 11 Uhr verhängt die Regierung eine Nachrichtensperre.

Ab 12.30 Uhr ist die Internetseite der RAP nicht mehr zu erreichen.

Um 13 Uhr meldet die Nachrichtenagentur Freie Presse Rutaniens (FPR), dass die Homepage der RAP durch einen Denial of Service Angriff nicht mehr erreichbar ist. Da die RAP der weltweit führende Anbieter von Finanzinformationen, Nachrichten und Fernsehdiensten mit mehr als 558.000 Anwendern ist, die die angebotenen Finanzinformationen, Echtzeit- und historischen Nachrichten, Transaktionssysteme für Aktien und Devisen sowie Informations- und Risiko-Management-Systeme nutzen, vermindert sich im weiteren Verlauf der Handel an der Börse Rutaniens etwas.

Die TFF veröffentlichen um 17.20 Uhr auf der Homepage der Botschaft von Rutanien in Bumonga erneut ihre Forderung der unverzüglichen Aufnahme von Verhandlungen und bekennen sich zu der Veränderung der Regierungsseite und des Angriffes auf die RAP.

Gegen 19 Uhr flauen die Angriffe auf die Server der RAP ab. Dies ist darauf zurückzuführen, dass einige Systeme, von denen aus die Angriffe ihren Ursprung nahmen vom Netz genommen wurden. Dadurch fallen die Angebote einer Reihe von E-Commerce Anbieter zeitweise aus, da diese als Verursacher lokalisiert wurden. Es stehen zwar mehrere Systeme parallel zur Verfügung, da aber die größte Anzahl der Käufern in den Abendstunden einkauft, sind die verbliebenen Systeme nicht ausreichend um den Ansturm zu bewältigen.

20 Uhr: Der Pressesprecher der Regierung kündigt an, keine Verhandlungen mit der TFF aufzunehmen, da diese sich ausserhalb des politischen Prozesses befinden, keine Legitimation besitzen und darüber hinaus ihre Forderung nach einem eigenen Staat gegen die Gesetze Rutaniens verstößt. Die Strafverfolgungsbehörden Rutaniens seien beauftragt, alle nötigen Schritte zu unternehmen, um den kriminellen Tätern habhaft zu werden. Bis zum gegenwärtigen Zeitpunkt liegen den Sicherheitsbehörden keine Anhaltspunkte über mögliche Täter vor. Die Ermittlungen dauern an.

Am 11. Mai schalten gegen 8.30 Uhr alle Ampeln in der Hauptstadt Rutaniens auf grün.[247] In der Folge kommt es zu Massenkarambolagen mit zahlreichen Toten und Schwerverletzten. Nach 15 Minuten wird durch alle Fernseh- und Radiosender ein absolutes Fahrverbot verhängt. Dies wird durch Lautsprecherdurchsagen der Polizei unterstützt.

Gegen 12 Uhr erklärt die Polizei auf einer Pressekonferenz, dass sie noch keinerlei Anhaltspunkte hat, wie es zu dem Defekt in den Ampelanlagen kommen konnte.

Um 15 Uhr erhält die RAP und die FPR ein Bekennerschreiben der TFF, die angibt, die Software zur Steuerung der Ampeln manipuliert zu haben. Dieses Bekennerschreiben wird unverzüglich veröffentlicht.

Gegen 15.20 Uhr wird bekannt gegeben, dass es 23 Tote und 187 Verletzte gegeben hat. Der Großteil der Verletzten weisst Schnittverletzungen und Schürfwunden auf und kann bis zum Abend die Krankenhäuser verlassen. Acht Personen befinden sich noch in kritischem Zustand.

Um 16 Uhr weist ein Regierungssprecher auf einer Pressekonferenz, die auf Grund des Staatsbesuches des Präsidenten von Migimbi abgehalten wird, die Darstellung, dass die Ampeln manipuliert worden sind, als Panikmache von Trittbrettfahrern zurück. Durch tumultartige Szenen, wegen des enormen Andrangs von Reportern, gerät der eigentliche Grund der Pressekonferenz in Vergessenheit. Der Präsident von Migimbi begibt sich zum Flughafen und erklärt bis auf weiteres keine Konsultation mit Vertretern von Rutanien abhalten zu wollen.

16.15 Uhr: Die Flugsicherungsanlagen fallen aus. Es können weder Starts noch Landungen durchgeführt werden. Der Präsident von Migimbi sitzt in seinem Flugzeug auf dem Rollfeld fest.

---

[247] http://www.thisislondon.com/dynamic/news/top_story.html?in_review_id=649242& in_review_text_id=620267, [10.9.2002].

16.50 Uhr: Die Flugsicherung stellt auf Sichtbetrieb, zur Vermeidung weitere diplomatische Verstimmungen, um. Die Präsidentenmaschine kann starten.

Am 12. Mai um 17 Uhr erklärt ein Sprecher der Polizei, dass die zentrale Steuerung der Ampelanlagen durch Manipulation in der Software die Ampeln zu einem vorher festgelegten Zeitpunkt auf grün gestellt hat. Von wem die Änderungen durchgeführt worden sind, sei bisher nicht ermittelbar gewesen. Man gehe jedoch von der Authentizität des Bekennerschreiben aus. Der nicht autorisierte Zugriff von außen, der die Manipulation ermöglichte stimme mit Beschreibungen in dem Schreiben der TFF überein. Der Grund für den Ausfall der Flugsicherungsanlagen sei noch nicht ermittelt, so ein Pressesprecher der Polizei.

Am 14. Mai richtet sich die TFF in einer elektronischen Nachricht an die Regierung mit der Aufforderung, unverzüglich Verhandlungen aufzunehmen um weitere Opfer unter der Zivilbevölkerung zu vermeiden. Die Regierung solle das legitime Recht der Towarie auf nationale Selbstbestimmung anerkennen. Sollte die Regierung dieser Forderung nicht nachkommen, habe sie alle weiteren Opfer zu verantworten. Frist zur Aufnahme von Verhandlungen ist der 16. Mai, 12 Uhr.

Am 17. Mai um 3 Uhr, nachdem die Regierung der Aufforderung der TFF nicht nachgekommen ist, rast der neue Hochgeschwindigkeitszug der Rutanien Railways mit einer Geschwindigkeit von 300 km/h in einen fehlgeleiteten Güterzug. Um 6 Uhr wird klar, dass das Kontrollsystem der Rutanien Railways versagt hat. Erste Hinweise sprechen dafür, dass das SCADA System verändert wurde. Die Bundespolizei zieht die Ermittlungen an sich.

Auf einer Pressekonferenz gegen 15 Uhr erklärt ein Sprecher der Regierung, dass man den Forderungen der TFF auf keinen Fall nachgeben werden. Im weiteren Verlauf kommt es zu einem Stromausfall im Pressezentrum der Regierung, was eine Fortsetzung der Pressekonferenz erschwert. Zusätzlich klingeln alle Mobiltelefone, die sich in einem Umkreis von 300 Metern um das Pressezentrum befinden. Bei Annahme des Gespräches wird eine Mitteilung der TFF verlesen, in der weitere Anschläge angekündigt werden und eine Internetseite für weitergehende Informationen nennt.

Der Stromausfall ist, wie später bekannt wird, durch das Abschalten einer Verteilerstation, die Mittels des TCP/IP Protokolls gesteuert wird, hervorgerufen worden. Die Pressekonferenz wird auf den 19. Mai 9.15 Uhr vertagt.

18. Mai: Bei der nächtlichen Routinekontrolle der Abrechnungssysteme der Börse Rutaniens, die vor kurzem auf RTGS Systeme umgestellt hat, wird festgestellt, dass illegitime Buchungen vorgenommen worden sind. Dadurch stehen ungedeckte Buchungen im Wert von 298,8 Millionen Rutanischen Rand im System. Welche Buchungen valide sind, kann nicht eindeutig geklärt werden. Das abgeflossene Kapital, das nicht vorhanden war und in andere Abrechnungssysteme geflossen ist, kann zu Liquiditätslücken auch in diesen führen. Weiterer Handel über das System Rutaniens ist nicht möglich, bis die

Fehler beseitigt sind. Um 8.50 Uhr wird nach einigem Zögern der Verantwortlichen der Parketthandel eröffnet.

Um 9.30 Uhr muß der Handel an den Rohstoffbörsen ausgesetzt werden, da sich die Preise verdoppelt haben. An anderen Börsen fallen die Preise um durchschnittlich 10 Prozent, da Investoren ihr Kapital in sicherere Anlagen umschichten.

9.45 Uhr: Das öffentliche Telefonnetz der Hauptstadt fällt aus.

10.00 Uhr: Der Börsenhandel wird beendet, da neben der allgemeinen Unsicherheit weder Kauf- noch Verkaufsorders zu den Händlern gelangen.

Im Laufe des 18. Mai können die Sicherheitsorgane den Ursprung des Angriffs auf das Pressezentrum nach Sowatu zurückverfolgen.

17 Uhr: Die Regierung von Rutanien schickt eine Protestnote mit der Aufforderung, Angriffe dieser Art zukünftig zu unterlassen.

18.45 Uhr: Die Regierung von Sowatu reagiert umgehend und dementiert, mit dem Angriff in Verbindung zu stehen.

Am Morgen des 19. Mai tritt aus der Gaspipeline, die 48% des Rohstoffes für Rutanien liefert, an mehreren Stellen Gas aus.[248] Die gesamte Pipeline wird über ein Netzwerk mittels des IP Protokolls gesteuert.

Gegen 9 Uhr tritt der Pressesprecher der Regierung vor die Presse, um die in fünfzehn Minuten geplante Pressekonferenz, ohne einen neuen Termin zu nennen, zu vertagen.

Die Steuerungsanweisung zur Öffnung der Ventile, die den Austritt des Gases verursacht hat, kann ebenso nach Sowatu zurückverfolgt werden.

Daraufhin schlägt die mit Informationskriegsführung befasste Einheit des Militärs von Rutanien zurück. Folge ist ein weitreichender Zusammenbruch der Infrastruktur in Sowatu binnen zweier Stunden. Eine exakte Abschätzung der Schäden kann mangels bestehender Kommunikationsverbindungen nicht vorgenommen werden. Dieser Zusammenbruch löst jedoch einen kaskadierenden Fehler in einer Hardwarekomponente der Telefonvermittlungsanlage XD-763 aus, die auch in Rutanien zum Einsatz kommen. Weitere Folge ist ein Zusammenbruch des Telekommunikationsnetzes in gesamt Rutanien.

Rutanien versetzt das Militär um 13 Uhr in höchste Alarmbereitschaft. Ein Aufmarsch von Truppen an einer Grenze ist zwecklos, da Rutanien und Sowatu keine gemeinsame Grenze besitzen. Weder Moladu noch Hadumikuwi, die beiden Flächenstaaten die Rutanien und Sowatu trennen, erteilen eine Überflugerlaubnis, die von der Regierung Rutaniens vorsorglich eingeholt werden sollte.

22. Mai: Die Kommunikationsverbindungen in Rutanien sind weitestgehend wieder hergestellt, das Chaos unter der Bevölkerung nimmt langsam ab. Es stellt sich heraus, dass die Absenderadressen in dem Steuerungsteil der Pakete des TCP/IP Protokolls zwar Sowatu zugewiesen worden sind, die Pakteadressen aber gefälscht waren. Woher der Angriff kam, lässt sich nicht feststellen.

---

[248] http://www.microwavedata.com/products/solutions/casestudies/transco.asp

Die TFF bekennen sich zu den Anschlägen und kündigen in einer Nachricht an die Regierung weitere Anschläge an. Ebenso senden sie ihre Forderungen über einen Radiosender dessen Frequenzen kurzfristig gestört worden ist.

Zusammenfassende Betrachtung

In meinen Ausführungen habe ich gezeigt, dass Infrastruktur im Mittelpunkt einer Vielzahl von Prozessen informationsbasierter Gesellschaften steht, deren reibungsloses Funktionieren durch veränderte ökonomische und technische Bedingungen, aber eben auch durch gänzlich anderen Charakter der heutigen Infrastruktuprozesse geschuldet sind, nicht länger in gewohntem Maße gewährleistet ist. Gleichzeitig hat die Notwendigkeit der Aufrechterhaltung dieser Prozesse immens an Signifikanz gewonnen. Die Politik ist gefragt, die Ausstattung von Gesellschaft und Wirtschaft mit robuster, nachhaltig funktionsfähiger Infrastruktur zu gewährleisten. Auch sind, betrachtet man paradigmatisch den technischen Ablauf des internationalen Finanzclearings, welches bei jeder Transaktion die Einschaltung einer nationalen Notenbank bedarf, Prognosen über das Ende nationalstaatlicher Souveränität nicht nachvollziehbar. Staaten sind nach wie vor, trotz weitreichender Privatisierung, in den entscheidenen Prozessen an zentraler Stelle eingebunden. Dies weist ihnen eine weitgehende Verantwortung, bei Fehlentwicklungen steuernd einzugreifen, zu. Ebenso müssen Strategien zur Verhinderung und Führung informationsbasierter Kriegsführung entwickelt werden. Nur so besteht eine Chance, Abschreckung oder - in Fällen, in denen dies nicht möglich ist - Schadensminimierung zu gewährleisten.

Akronyme

DNS	Domain Name Server
DII	Defense Information Infrastructure
SCADA	Supervisory Control and Data Acquisition
DDoS	Distributed Denial of Service
C2IW	Command, Control and Infrastructure Warfare
C2W	Command and Control Warfare
CHIPS	Clearing House Interbank Payment System
CII	Critical Information Infrastructure
CIP	Critical Infastructure Protection
CNI	Critical National Infrastructure
COTS	Commercial-Off-The-Shelf
DARPA	Defense Advanced Research Projects Agency
DVP	Delivery versus Payment
EFTS	Electronic Funds Transfer Systems
EPS	Electric Power System
FXYCS	Foreign Exchange Yen Clearing System
GII	Global Information Infrastructure
G-LVTN	Global Large Value Transfer Network
LVTS	Large Value Transfer Systems
MAN	Metropolitan Area Network
MEDII	Minimum Essential Defence Information Infrastructure
MEII	Minimum Essential Information Infrastructure
MNS	Multilateral Netting Systems
NII	National Information Infrastructure
PVP	Payment versus Payment
RMA	Revolution in Military Affairs
RTGS	Real Time Gross Settlement System
SECB	Swiss Euro Clearing Bank
SIC	Swiss Interbank Clearing
SIW	Strategic Information Warfare
SWIFT	Society for Worldwide Interbank Financial Telecommunications
TARGET	Trans-european Automated Real-Time Gross Settlement Express Transfer

Literaturverzeichnis

Bücher

Adams, James, The Next World War, New York, Simon & Schuster, 1998.

Anderson, Robert H., Feldman, Phillip M., Gerwehr, Scott, Houghton, Brian, Mesic, Richard, Pinder, John D., Rothenberg, Jeff, Chiesa, James, Securing the U.S. Defense Infrastructure: A Proposed Approach, Santa Monica, Rand, 1999.

Andreski, Stanislav, Military Organization and Society, London, Routledge & Kegan Paul LTD., 1954.

Arendt, Hannah, On Violence, New York, Harcourt, Brace & World, 1969.

Arquilla, John, Ronfeld, David (eds.), In Athena's Camp, Preparing for Conflict in the Information Age, Santa Monica, Rand 1997.

Arrighi, Giovanni, The Long Twentieth Century, London, Verso, 1994.

Baraldi, Claudio, Corsi, Giancarlo, Esposito, Elena, Glossar zu Niklas Luhmanns Theorie sozialer Systeme, Frankfurt am Main, Suhrkamp, 1999.

Barnie, John, War in Medieval Society, London, Weidenfeld and Nicolson, 1974.

Beck, Ulrich, Risikogesellschaft, Frankfurt, Suhrkamp, 1986.

Bedrosian, Edward, DeJesus, Rafael, Huth, Gaylord K, Jackson, Deborah J., Schwarz, Benjamin C., Pond, Susan J., Technology for Low Intensity Conflict, Santa Monica, Rand, 1994.

Bibus, Katharina, Die Funktionsweise und Effizienz eines „Real-Time-Gross-Settlement (RTGS)"-Systems: Die Modellierung des Liquiditätsverhaltens von Geschäftsbanken im Rahmen eines spieltheoretischen Ansatzes, Zürich, Ecofin, 1999.

Brodie, Bernard, War and Politics, London, Cassell, 1973.

Bundesministerium der Finanzen, Bericht der Arbeitsgruppe Private Finanzierung öffentlicher Infrastruktur, Bonn, 1991.

Campbell, David, Writing Security, Minneapolis, University of Minnesota Press, 1992.

Campen, Alan D., Dearth, Douglas H., Cyberwar 3.0: Human Factors in Information Operations and Future Conflict, Fairfax, AFCEA International Press, 2000.

Campen, Alan D., Dearth, Douglas H., Goodden, R. Thomas, Cyberwar: Security, Strategy, And Conflict in the Information Age, Fairfax, AFCEA International Press, 1996

Chacko, George K., Decision Making under Uncertainty, New York, Praeger, 1991.

Corr, Edwin G., Sloan, Stephen, Low-Intensity Conflict, Boulder, Westview Press, 1992.

Couch, Carl J., Information Technologies and Social Orders, New York, Aldine De Gruyter, 1996.

Culler, Jonathan, On Deconstruction, Ithaca, Cornell University Press, 1982.

Davis, James W., Threats and Promises, Baltimore, The Johns Hopkins University Press, 2000.

Der Derian, James, Shapiro, Michael J. (eds.), International/Intertextual Relations, Postmodern Readings of World Politics, Lexington, Lexington Books, 1989.

Dombrowsky, Wolf R., Krisen- und Risikokommunikation, Katastrophenforschungsstelle, Christian-Albrechts-Universität zu Kiel, mimeo.

Douglas, Mary, Wildavsky, Aaron, Risk and Culture, Berkeley, Univeristy of California Press, 1982.

Douglas, Thomas (ed.), Law Enforcement, Security and Surveillance in the Information Age, London, Routledge 2000.

Elshtain, Jean Bethke, Woman and War, New York, Basic Books Inc., 1987.

Everard, Jerry, Virtual States, London, Routledge, 2000.

Fry, Maxwell J., Kilato, Isaack, Roger, Sandra, Senderowicz, Krzystof, Sheppard, David, Solis, Francisco, Trundle, John, Payment Systems in Global Perspective, London, Routledge, 1999.

Fuchs-Heinritz, Werner, Lautmann, Rüdiger, Rammstedt, Otthein, Wienold, Hanns, Lexikon zur Soziologie, Opladen, Westdeutscher Verlag, 1994.

Gaddis, John Lewis, Strategies of Containment, Oxford, Oxford University Press, 1982.

Gatzweiler, Hans-Peter, Irmen, Eleonore, Janich, Helmut, Regionale Infrastrukturausstattung, Bonn, Bundesforschungsanstalt für Landeskunde und Raumordnung, 1991.

Gayle, Dennis J., Goodrich, Johnathan N., Privatization and Deregulation in Global Perspective, New York, Quorum Books, 1990.

Geiger, Gebhard (Hrsg.), Sicherheit in der Informationsgesellschaft, Baden-Baden, Nomos, 2000.

Hardt, Michael, Negri, Antonio, Empire, Cambridge, Harvard Univeristy Press, 2000.

Hartwig, Sylvius (Hrsg.), Große technische Gefahrenpotentiale, Berlin, Springer, 1983

Hirschman, Albert, Exit, Voice, And Loyalty, Stanford, Harvard University Press, 1970.

Hirschmann, Albert O., Die Strategie der wirtschaftlichen Entwicklung, Stuttgart, Gustav Fischer Verlag, 1967.

Hunt, Craig, TCP/IP Network Administration, O'Reilly & Associates, Sebastopol, 1998.

Johnson, James Turner, Ideology, Reason, and the Limitation of War, Princeton, Princeton University Press, 1975.

Jungermann, Helmut, Kasperson, Roger E., Wiedemann, Peter M., Themes and Tasks of Risk Communication, Jülich, Kernforschungsanlage Jülich GmbH, 1988.

Kratochwil, Friedrich V., Rules, Norms, and Decisions, On the Conditions of Practical and Legal Reasoning in International Relations and Domestic Affairs, Cambridge, Cambridge University Press, 1989.

Krücken, Georg, Gesellschaft / Technik / Risiko, Bielefeld, Kleine Verlag, 1990.

Lebow, Ned Richard, Risse-Kappen, Thomas (eds.), International Relations Theory and the End of the Cold War, New York, Columbia University Press, 1995.

Libicki, Martin C., The Meash and the Net, Speculations on Armed Conflict in a Time of Free Silicon, McNair Paper 28, Washington D.C., National Defense University 1994.

Lilienfeld, Robert, The Rise of Systems Theory, New York, John Wiley & Sons, 1978.

Löw, Reinhard, Koslowski, Peter, Kreuzer Philipp, Fortschritt ohne Maß?, München, Piper Verlag, 1981.

Luhmann, Niklas, Ausdifferenzierung des Rechts, Frankfurt am Main, Suhrkamp, 1999.

Luhmann, Niklas, Gesellschaft der Gesellschaft Frankfurt am Main, Suhrkamp, 1999.

Luhmann, Niklas, Soziale Systeme, Frankfurt am Main, Suhrkamp, 1984.

Luhmann, Niklas, Soziologie des Risikos, Berlin, Walter de Gruyter, 1991.

Luhmann, Niklas, Zweckbegriff und Systemrationalität, Frankfurt am Main, Suhrkamp, 1991.

Lundqvist, Lars, Mattson, Lars-Göran, Kim, Tschangho John (eds.), Network Infrastructure and the Urban Environment, Berlin, Springer Verlag, 1998.

Lux-Endrich, Astrid (Hrsg.), Komplexe Systeme und nichtlineare Dynamik, Tutzing, Evangelische Akademie Tutzing, 1994.

Manwaring, Max G., Uncomfortable Wars, Boulder, Westview Press, 1991.

Menge, Hermann, Langenscheidts Taschenwörterbuch Latein, Berlin, Langenscheidt, 1987.

Merry, Uri, Coping with Uncertainty, Westport, Praeger, 1995.

Midlarsky, Manus I., On War, London, Collier Macmillian Publishers, 1975.

Midlarsky, Manus I., The Internationalization of Communal Strife, London, Routledge, 1992.

Molander, Roger C., Wilson, Peter A., Mussington, David A., Mesic, Richard F., Strategic Information Warfare Rising, Santa Monica, Rand, 1998.

National Research Council, The Changing Nature of Telecommunications/Information Infrastructure, Washington, Computer Science and Telecommunications Board, 1995.

Ned Lebow, Richard, Risse-Kappen, Thomas, International Relations and the End of the Cold War, New York, Columbia University Press, 2000.

Onuf, Nicholas G., The Republican Legacy in International Thought, Cambridge, Cambridge University Press, 1998.

Paulus, Andreas L., Die internationale Gemeinschaft im Völkerrecht, München, C. H. Beck, 2001.

Pauly, Louis W., Who Elected the Bankers, Ithaca, Cornell University Press, 1997.

Perrow, Charles, Normale Katastrophen, Frankfurt, Campus Verlag, 1988.

Platt, Harold L., City Lights: The Electrification of the Chicago Region 1880-1930, in Tarr, Joel A., Dupuy, Gabriel (eds.), Technology and the Rise of the Networked City in Europe and America, Philadelphia, Temple University Press, 1984.

Rauchensteiner, Manfried, Schmidl, Erwin A., Formen des Krieges, Graz, Styria Verlag, 1991.

Rogowski, Ronald, Commerce and Coalitions, Princeton, Princeton University Press, 1989.

Ryan, Henry, Peatree, C. Edward (eds.), The Information Revolution and International Society, The Center for Strategic and International Studies, Washington, 1998.

Savas, E. S., Privatization, The Key to Better Government, Chatham, Chatham Publishers, 1987.

Scheele, Ulrich, Privatisierung von Infrastruktur, Köln, Bund-Verlag 1993.

Schelling, Thomas C., Arms and Influence, New Haven, Yale University Press, 1966.

Schelling, Thomas C., The Strategy of Conflict, Cambridge, Harvard Univeristy Press, 1960.

Schleher, Curtis, Electronic Warfare in the Information Age, Norwood, Artech House Inc., 1999.

Simpkin, Richard E., Race to the Swift, Thoughts on Twenty-First Century Warfare, London, Brassey's Defence Publishers, 1985.

Strange, Susan, States and Markets, Second Edition, London, Pinter, 1988.

Suleiman, Ezra N., Waterbury, John, The Political Economy of Public Sector Reform and Privatization, Boulder, Westview Press, 1990.

Targowski, Andrew S., Global Information Infrastructure, Harrisburg, Idea Group Publishing, 1996.

Thompson, Loren B. (ed.), Low-Intensity Conflict, Lexington, Lexington Books, 1989.

Toffler, Alvin and Heidi, War and Anti-War, Boston, Little, Brown and Company, 1993.

Vale, Lawrence J., The Limits of Civil Defence in the USA, Switzerland, Britain and the Soviet Union, New York, St. Martin's Press, 1987.

Van Crefeld, Martin, Frauen und Krieg, München, Gerlin Akademie Verlag, 2000.

Van Crefeld, Martin, The Transformation of War, New York, Maxwell Macmillan International, 1991.

Wendt, Alexander, Social Theory of International Politics, Cambridge, Cambridge University Press, 1999.

Winograd, Terry, Flores, Fernando, Understanding Computers and Cognition: A New Foundation for Design, Massachusetts, Reading, 1986.

Wriston, Walter B., The Twilight of Sovereignty, New York, Charles Scribner's Sons 1992.

Yergin, Daniel, Stanislaw, Joseph, The Commanding Heights, New York, Simon & Schuster, 1998.

Zeitschriften

Arnold, H. D., Hukill, J., Kennedy, J., Cameron, A., Targeting Financial Systems as Centers of Gravity: "Low Intensity" to "No Intensity" Conflict, Defense Analysis, Vol. 10, No. 2, 1994.

Beck, Ulrich, Risikogesellschaft – Die organisierte Unverantwortlichkeit, Aulavorträge 47, Hochschule St. Gallen, 1989.

Burnham, Peter, New Labour and the politics of depoliticisation, British Journal of Politics and International Relations, June 2001, Vol. 3, No. 2.

Carter, Ashton, The Architecture of Government in the Face of Terrorism, International Security, Winter 2001 / 2002, Vol. 26, No. 3.

Cyberterrorism – Information Warfare, Vierteljahresschrift für Sicherheit und Frieden, Baden-Baden, Nomos Verlagsgesellschaft, Jahrgang 18, Heft 2, 2000.

Daase, Christopher, Bedrohung, Verwundbarkeit und Risiko in der neuen Weltordnung, antimilitarismus information, 21. Jahrgang, Heft 7, Juli 1991.

Freedman, Lawrence, The Revolution in Strategic Affairs, Adelphi Papers 318, Oxford, Oxford University Press, 1998.

Harknett, Richard J., Information Warfare and Deterrence, Parameters, Spring 1996, Vol. XXVI, No. 1.

Jakobsen, Peter Viggo, Focus on the CNN Effect Misses the Point: The Real Media Impact on Conflict Management is Invisible and Indirect, Journal of Peace Research, March 2000, Vol. 37, No. 2.

Kratochwil, Friedrich V., On the notion of „interest" in international relations, International Organiation, Winter 1982, Vol. 36, No. 1.

Kratochwil, Friedrich, History, Action, And Identity, Spring 2002, mimeo.

Kuehl, Dan, Strategic Information Warfare: A Concept, Working Paper 322, Norfolk, National Defense University, February 1999.

Kuhn, Richard D., Sources of Failure in the Public Switched Telephone Network, IEEE Computer, April 1997, Vol. 30, No. 4.

Latham, Andrew, Warfare Transformed: A Braudelian Perspective On The ‚Revolution In Military Affairs', European Journal of International Relations, Volume 8 (2), 2002.

Lieber, Keir A., Grasping the Technological Peace, International Security, Summer 2000, Vol. 25, No. 1.

Luhmann, Niklas, Risiko und Gefahr, Aulavorträge 48, Hochschule St. Gallen, 1989.

Mathews, Jessica T., Power Shift, Foreign Affairs, January / February 1997, Vol. 76, No. 1.

Meyer, John W., Rowan, Brian, Institutionalized Organizations: Formal Structure as Myth and Ceremony, American Journal of Sociology, September 1977, Vol. 83, No. 2.

Moländer, Roger C., Riddile, Andrew S., Wilson, Peter A., Strategic Information Warfare: A New Face of War, Parameters, Spring 1996, Vol. XXVI, No. 1.

Naschold, Frieder, Technikkontrolle und Technikfolgeabschätzung, Aulavorträge 46, Hochschule St. Gallen, 1989.

Onuf, Nicholas Greenwood, Sovereignty: Outline of a Conceptual History, Alternatives, No. 16, 1991.

Rothkopf, David J., Cyberpolitik: The Changing Nature of Power in the Information Age, Journal of International Affairs, Spring 1998, Vol. 51, No. 2.

Ruiz, Lester Edwin J., After National Democracy: Radical Democratic Politics at the Edge of Modernity, Alternatives, No. 16, 1991.

Sagan, Scott D., 1914 Revisited, International Security, Fall 1986, Vol. 11, No. 2.

Singer, P. W., Corporate Warriors: The Rise of the Privatized Military Industry and Its Ramifications for International Security, International Security, Winter 2001/2002, Vol. 26, No. 3.

Survival, The IISS Quarterly, Winter 1998-99, Vol. 40, No. 4, Institute for Strategic Studies, London.

Waltz, Kenneth, Structural Realism after the Cold War, International Security, Summer 2000, Vol. 25, No. 2.

Wriston, Walter, Bits, Bytes, and Diplomacy, Foreign Affairs, Vol. 76, No. 5, September / October 1997.

Zeitungen

Drucker, Peter F., The Age of Social Transformation, The Atlantic Monthly, Novermber 1994.

Higgins, Andrew, Cullison, Alan, Failed Chechnya Mission by Egyptian Jihad Head Sowed Seeds of Sept. 11, The Wall Street Journal Europe, Vol. XX, No. 104, July 2, 2002.

Morton, Oliver, Divided We Stand, Wired, December 2001.

Online Publikationen

Alberts, David, Defensive Information Warfare, National Defense University, 1996, http://www.ndu.edu/inss/books/diw/ch6.html, [15.4.2002.].

Bank for International Settlements, Real-Time Gross Settlement Systems, www.bis.org/publ/cpss26.htm, [11.4.2002].

Baran, Paul, On Distributed Communications, Memorandum RM-3097-PR, August 1964, Rand, http://www.rand.org/publications/RM/RM3097/index.html, [31.3.2002].

Baran, Paul, On Distributed Communications: V. History, Alternative Approaches, and Comparisions, Santa Monica, Rand 1964, http://www.rand.org/publications/RM/RM3097/RM3097.chapter2.html, [31.3.2002].

Bayles, William J., The Ethics of Computer Network Attack, Parameters, Spring 2001, http://carlisle-www.army.mil/usawc/Parameters/01spring/bayles.htm, [30.9.2001].

Brock, Jack L., Jr., Computer Attacks at Department of Defense Pose Increasing Risks, http://www.gao.gov/archive/1996/ai96092t.pdf, [1.8.2002].

Critchlow, Robert D., Whom the Gods Would Destroy: An Information Warfare Alternative for Deterrence and Compellence, National Warfare College, Summer 2000, http://www.nwc.navy.mil/press/Review/2000/summer/art1-Su0.htm, [4.10.2001].

Critical Foundations, The Report of the President's Commission on Critical Infrastructure Protection, http://www.info-sec.com/pccip/web/report_index.html, 1997, [24.1.2001].

Dingle, James F., The Elements of the Global Network for Large-Value Funds Transfers, Bank of Canada, 2001, www.bankofcanada.ca/en/res/wp01-1.htm, [12.6.2002].

Electric Power Research Institute, http://www.epri.com/corporate/discover_epri/roadmap/CI-112677-V1_all.pdf, [23.4.2002].

Eriksson, Anders E., Viewpoint: Information Warfare: Hype or Reality?, The Nonproliferation Review, Spring-Summer 1999, cns.miis.edu/pubs/npr/vol06/63/erikss63.pdf, [10.1.2002].

European Currency Bank, Existing central payment and settlement services, newrisk.ifci.ch/137220.htm, [17.6.2002].

Fast, William R., Knowledge Strategies, Balancing Ends, Ways, and Means in the Information Age, Institute for National Strategic Studies, http://wwwndu.edu/inss/siws/ch1.htm, [7.8.2001].

Frey, René L., Liberalisierung und Privatisierung in den Infrastrukturbereichen Verkehr, Energie, Telekommunikation, www.unibas.ch/wwz/wipo/forschung/mat_forschung/For_Priv_Lib.pdf [7.1.2002].

Global Trends 2015: A Dialogue About the Future With Nongovernment Experts, National Intelligence Council, www.cia.gov/cia/publications/ globaltrends2015, 2000, [23.2.2002].

Guzzini, Stefano, The enduring dilemmas of realism in International Relations, http://www.copri.dk/publications/WP/WP%202001/43-2001.pdf, [6.5.2002].

Harknett, Richard J., Information Warfare and Deterrence, Parameters, Autumn 1996, http://carlisle-www.army.mil/usawc/Parameters/96autumn/ harknett.htm, [30.9.2001].

Hart, Gary, Rudmann, Warren, New World Coming: American Security in the 21st Century, The United States Commission on National Security/21st Century, carlisle-www.army.mil/usassi/ssipubs/pubs2001/hartrud/hartrud.pdf, 1999, [16.1.2002].

Hartmann, Wendelin, Mr. Hartmann reports on central bank involvement in the design, operation and oversight of payment systems, Conference Speak at the Organisation of Central and Eastern European Clearing Houses, 6-8 October 1999, www.bis.org/review/r991101b.pdf, [17.6.2002].

Holdsworth, Dick (ed.), Scientific and Technological Options Assessment, Development of Surveillance Technology and Risk of Abuse of Economic Information, European Parliament, 1999, http://www.europarl.eu.int/stoa/ publi/pop-up_en.htm, [19.2.2001].

Joint Vision 2020, Joint Chiefs of Staff, Director for Strategic Plans and Policy, US Government Printing Office, www.dtic.mil/jv2020, [1.8.2002].

Kuehl, Dan, The Ethics of Information Warfare and Statecraft, NDU, School of Information Warfare & Strategy, http://www.infowar.com/mil_c4i/ mil_c4ij.html-ssi, [7.8.2001].

Kuhn, Richard D., Sources of Failure in the Public Switched Telephone Network, National Institute of Standards and Technology, Gaithersburg, Maryland, hissa.nist.gov/kuhn/pstn.html, [24.10.2001].

Liao, Holmes, Towards Information Security, Division of Strategic and International Studies, Taiwan Research Institute, www.dsis.org.tw/pubs/writings/ Holmes%20Liao/2000/rp_tp0009001.pdf, [24.10.2001].

Linger, R.C., Mead, N.R., Lipson, H.F., Requirements Definition for Survivable Network Systems, Software Engineering Institute, Carnegie Mellon University, www.cert.org/archive/pdf/icre.pdf, [10.3.2002].

Luhmann, Niklas, Entscheidungen in der Informationsgesellschaft, Arbeitskreis Informationsgesellschaft der Humboldt-Universität und der Japan Society for Future Research, Tokio, Tagung Soft Society, 1996, http://www2.rz.hu-berlin.de/inside/aesthetics/luhmantx.htm, [14.2.2000].

Morisio, Maurizio, Torchiano, Marco, Definition and classification of COTS: a proposal, http://www.idi.ntnu.no/emner/sif80at/curriculum/ICCBSS-sumit.pdf, [19.4.2002].

NSC-68, U.S. Objectives and Programs for National Security, April 1950, Naval War College Review, Vol. XXVII, May-June, 1975, S. 51.

Overview of RTGS systems, newrisk.ifci.ch/139020.htm, [29.3.2001].

Papke, Katja, Richard Wagners Konzeption des Gesamtkunstwerks, http://www.fundus.d-r.de/1-98/papke.pdf, [20.6.02].

Preliminary Research and Development Roadmap for Protecting and Assuring Critical National Infrastructures, Transition Office of the President's Commission on Critical Infrastructure Protection and the Critical Infrastructure Assurance Office, Washington, D.C., July 1998, http://www.ciao.gov/, [16.12.2001].

Spafford, Eugene H., One View of A Critical National Need: Support for Information Security Education and Research, citeseer.nj.nec.com/ spafford97one.html, [11.11.2001].

United Nations, General Assembly, Developments in the field of information and telecommunications in the context of international security, Fifty-third session, Agenda item 63, A/RES/53/70, 4 January 1999.

Wohlstetter, Albert, The Delicate Balance of Terror, http://www.rand.org/ publications/classics/wohlstetter/P1472/P1472.html, [15.7.2002].

Yam, Joseph, The Impact of Technology on Financial Development in East Asia, Journal of International Affairs, Vol. 51, No. 2, Spring, 1998, auch erhältlich unter: http://www.asiamedia.ucla.edu/Deadline/Information Technology/articles/Yam.htm